脚边的美丽花

陶隽超　王金虎/编著
张亿锋/摄影

中国林业出版社

图书在版编目（CIP）数据

脚边的美丽. 花 / 陶隽超, 王金虎编著 ; 张亿锋摄影. -- 北京 : 中国林业出版社, 2018.3（2020.7重印）

ISBN 978-7-5038-9445-9

Ⅰ. ①脚… Ⅱ. ①陶… ②王… ③张… Ⅲ. ①野生植物－花卉－普及读物 Ⅳ. ①Q94-49

中国版本图书馆CIP数据核字(2018)第037578号

责任编辑： 张　华

中国林业出版社·环境园林出版分社

出　　版： 中国林业出版社

（100009 北京西城区刘海胡同 7 号）

电　　话： 010－83143566

发　　行： 中国林业出版社

印　　刷： 河北京平诚乾印刷有限公司

版　　次： 2018 年 5 月第 1 版

印　　次： 2020 年 7 月第 3 次印刷

开　　本： 710 毫米 ×1000 毫米　1/16

印　　张： 12.5

字　　数： 238 千字

定　　价： 59.00 元

前　言
FOREWORD

脚边的美丽——花，是野花，无论我们的脚步到哪里，它们总会轻轻地点缀于脚边，在兴致闲步里添一份逸趣，匆匆行途中送一丝慰藉，虽然生于蓬野，却自有一份不事修饰的天然美。只是，野花在大部分语态中的名字是“杂草”，不屑之余更多的是厌恶。

确实，农田、居家、公园、绿化……始终除不尽的杂草是一桩烦恼，与人们需求一旦冲突了，那么这些物事自然要被摈弃，杂草如此际遇本也正常，全在它们待错了地方，或者找错了人家。这倒也是一个普理，适时、适地、适人与否，物事的机遇往往霄壤，如果这些杂草长在了该长的地方，或是遇着了人，那么它们也自然成了美丽的野花。

四季的野花把大地装扮得灵动流彩，那短暂而又多姿的生命历程，周而复始，“一花一世界”。山林、旷野的本真需要它们来诠释，公园、庭院如果修饬好了这些来客，倒是添了一份别样的韵致，人们也多了一份与自然对话的体验，这一份体验同样美丽。

可是，野花们长对了地方，有时也会惹来灭顶之灾，一些山景的改造往往把林下植被弄得一干二净，而后再种上绿化用的花花草草，城里人总是喜欢城里的景致，到了城里的人也喜欢城里的景致，都要把城市道路绿化、公园绿地塞到山上，如此，皆大欢喜。只不过山林本来是野的，缺了那些错杂的野花，一份意境也就索然了，而且和它们朝夕相伴的昆虫、小鸟也没有了美食，高高低低的树木也失去了伙伴，原本的一大家子，硬是拆散了，还给了一批不速之客，喔唷，想想都不舒服，人与自然的交流互动似乎横亘了一些什么东西在那里，仓惶得很！

野花们长得都不大，需得蹲着看，要摄影成作品更得趴着，这似乎是那些“至贱”的生灵对自己尊重而特设的门槛，其实，对生命的态度理应如此。那些钟情于野花的采摄者，都是如此，从来不避芒棘，也无惧蜂虿，如果说是一种自觉，似乎矫情，但物我两忘庶几如此。遇到了知心人，野花们仿佛也通了人性，这些奔美逸丽在他们的镜头里彰显着生命的大美。

《脚边的美丽——花》依着这些采摄到的图片，写了138种野花，怎么编排倒是有点伤脑筋，因为，既不是苏州一地的野花谱录，也没有什么专指的取向，“美丽”对野花来说，泛泛而已。如果也按着《中国植物志》中的顺序排列，总觉得没有什么实在的意思。枯肠周索，一时也想不到好主意，那一天听苏州弹词大家魏含英先生的《方卿写家信》，里面有一句唱词“木兰勇猛曹娥力”，忽而迸出了一个主意，何不也妨着这个模样，依着草名、用处、习性、形态、花色，把那些野花一一配对，两种一篇排列起来。在《脚边的美丽——树》中，我说过，于专家们而言，在植物上我无非是个票友，虽然请了王金虎老师来把场，但弄出来的东西总归是业余的，故而索性把“票味儿”搞得浓一点，来一本“野花连连看”，虽则不登大雅，然而聊博莞尔也就可以了。

陶隽超

2017年12月

目　录

CONTENTS

过路黄

华东唐松草

蘋 | 藏

蘋和藏都是古典植物，《诗经》里就有它俩的名字，一直到现在，名、物都没有改变，而且这两个字还保持着原来的模样，依旧在使用。

蘋 *Marsilea quadrifolia* 蘋科蘋属多年生草本

蘋有四张叶子，苏州太湖边的人家把它入肴，叫做“四瓣头”，最贴切不过了。吃野菜全在一个“时”字，过了清明，蘋就不入味了。

把“风起于青蘋之末”写作“风起于青萍之末”，是常犯的错误。蘋是蕨类植物，茎横生于水下泥中，不开花，只有球形的孢子果；萍是被子植物，浮生于水面，会开花结果。

蘋的叶柄伸出水面，顶端那四片小叶像个“田字”，只要水面有极细微的一点点风，就会轻轻晃动，所以有“风起于青蘋之末”一说。萍浮在水面随波逐流，一点点风是吹不动的，只能是“萍踪不定”，亦或“萍水相逢”而已。

蘋

蘵

蘵 *Physalis angulata*
茄科酸浆属一年生草本

酸浆，绛囊朱实，悬挂在草茎上如同一个个红灯笼，有“挂金灯”“红姑娘”之称，大红灯笼高悬，总大概是姑娘要出阁了吧，而且酸浆的果实能解难产之危，入菜也叫作姑娘菜。这位美丽的“红姑娘”生于北地，江南很少见，她有一位远房表妹——“绿姑娘”倒是生在了烟雨水乡，处处能见，那就是“蘵”，挂起的“灯笼”是绿色的，现在的大名叫“苦蘵”。

蘵草，叶似酸浆，苦蘵的模样和酸浆差不多，《本草纲目》说“大者为酸浆，小者为苦蘵，以此为别”，其实两者的花、果区别很大。苦蘵的花比酸浆的小白花好看，花冠淡黄色，五裂而连结一体，如摊开的包袱，中心镶嵌紫斑，花蕊蓝色，素雅俏丽。苦蘵的果则是素颜对人，绿囊紫筋，子黑圆如珠，颔首低垂，远不如“红姑娘”那么俏美。

苦蘵入药，功效同于酸浆，是一味行血利水的烈药，故而本草中也称为“王不留行”，就是说一旦服用，即使君王下了命令，也阻止不了它的药效。苦蘵和酸浆一样，也是一种野菜，郭璞在注《尔雅》时写道，“江东以作菹食”，当地的乡民采摘了苦蘵的叶片，腌渍后食用。

大巢菜 | 小巢菜

“蜀蔬有两巢”，古代说的巢菜分为大、小两种。“菜之美者，蜀乡之巢”，巢菜既是美味的野蔬，也是优良的绿肥和牲畜喜欢吃的饲料，其用甚溥。

大巢菜 *Vicia sativa* 豆科野豌豆属一（二）年生草本

巢菜中的大巢菜就是救荒野豌豆，据说，伯夷、叔齐隐居在首阳山吃的“薇”即是野豌豆一类的野菜，救荒野豌豆也是其中之一。救荒野豌豆长茎攀蔓，茎叉分生，方棱而力壮，偶数羽状复叶顶端飘着长长的卷须，沿着叶轴相对着生的小叶长而圆，先端平截有凹，具短尖头，伏贴着黄色柔毛，看着精神抖擞。救荒野豌豆的花色紫红，大而艳，花开时节如同无数粉蝶缀满了草茎，在各种野豌豆中，最是美丽。

叶片作蔬、入羹、生食都是美味，洋溢着一股豌豆的清香，也是马儿喜欢的牧草。花后结成的豆荚，形态、大小和豌豆荚相仿，只是籽实秕小而味苦，吃法与豌豆一样，煮了吃或者磨面。那豆荚也是农家小孩的玩具，采摘下来，掐去两头，捣去豆子，可当口哨吹响，因此江南一带也叫它“叫叫菜”（吴地称口哨为“叫叫”）。豆科植物大都是高效的绿肥，大巢菜也不例外，“秋种春采，老时耕转壅田”，甚利农事。

大巢菜

小巢菜

小巢菜 *Vicia hirsuta* 豆科野豌豆属一年生草本

小巢菜喜生田间路旁，也是“薇”的一种，茎叶柔婉，长长的茎蔓缠绵铺地，茎端高高昂起，卷须纷扬，风中飘摇，遇物则攀附而上，故而古时称它为“翘摇”。

小巢菜与大巢菜相比，确实小模小样的。偶数羽状复叶着生的小叶数量比大巢菜多而密，但大小只有大巢菜的一半左右，先端平截无凹，也有一个短尖头，光滑无毛。小巢菜的花仅如米粒般大小，花色或白或青，较之大巢菜，细小而素淡。花小，结成的豆角自然也小，长度不到大巢菜果实的四分之一，像一颗颗的小扁豆。

据《本草纲目》所说，在小巢菜将要开花之时，采了叶片蒸食，调羹作馅，味道鲜美，而且长食不厌，令人轻健，对身体甚有益处。

大蓟 | 小蓟

蓟与菜一样，也分大、小两种。大蓟、小蓟都是美味的野菜，药效也相同，在《名医别录》中均列中品。

大蓟 *Cirsium japonicum* 菊科蓟属多年生草本

大蓟的正名是“蓟”，以有别于“小蓟”，故而冠以“大”字，据说古代蓟州山里都长着蓟，因此地以草名，州以蓟氏。大蓟广布全国，在不同的地方，它的模样也不一样，是一个多型的种。

大蓟有肥大的块根，长得高大直立，面貌狰狞，茎枝都有棱条，被着长毛；叶片长大多裂，刻裂多样，大小宽窄各异，坚刺森森，田野中，不留神踩着它，如遇荆棘；胳膊上刮着了，那简直像被黄蜂蜇了一般。大蓟虽然长得不咋样，但用处甚溥。它的嫩叶和小蓟一样，也是一味美味的野菜；古代，人们把它的老叶揉碎成茸，制成灯引，点着了挂在夜行的马车上，很是便利。入药也和小蓟一样，都是止痨病吐血的良药，有利于病弱的人恢复肥健。

大蓟的花果期 4~11 月，花的样子与小蓟差不多，区别在于大蓟总苞钟状，苞片外面有微糙毛并沿中肋有黏腺，管状小花红色或紫色，前端不等 5 浅裂。而小蓟总苞卵形，管状小花紫红色或白色，前端细丝状。

大蓟

大蓟

小蓟 *Cirsium arvense* var. *integrifolium*
菊科蓟属多年生草本

《中国植物志》里的刺儿菜，一般唤作小蓟，北方则称它为“千针菜”，高茎直立，茎叶都有刺，叶片和苦苣菜很像，只是平展而不皱，初春的嫩苗是一味野菜，《救荒本草》称“油盐调食，甚美”。

美味的小蓟叶片形态多变，杂陈一株。中下部的叶片大而长圆，上部的叶片短而长尖，不分裂、或半裂、或羽状浅裂、还有大圆锯齿，叶缘着生细密的针刺，有的是长有宽大的刺齿，细细看来也很有趣。

刺儿菜的花果期从 5~9 月，有的开一朵，有的生出一束，一个个头状花序被长卵形的总苞紧紧包裹，青紫色的苞片一片盖着一片排列有致，似乎一个精致的编织手袋。在这个“手袋”里装的是紫红色的小花，一球茸绒露在口沿。

小蓟

小蓟

茜草 | 苍耳

茜草根赤，能染红；苍耳叶涩，背苍白，两者俱以“色”名，也都是《诗经》里提到的古典植物。

茜草 *Rubia cordifolia* 茜草科茜草属草质攀缘藤本

茜草，也叫蒨草，长茎攀蔓，根赤、果红，曾是古代主要的红色染料之一，据说，染成的衣服很漂亮，在汉代如果种了茜草千亩，可以抵上一个千户侯的收入，名之“茜”字，确是恰当。

茜草主要出产在我国西北，东部地区也有分布，但少见，李时珍说，“茜”字就是因此而来的。茜草名字柔柔的，但浑身布刺，骨子里透着一股刚劲，细长的草茎，方棱出角，叶片像枣叶，头尖下阔，纵脉清晰，数枚轮生一节，叶柄长长的，有力地平展着像一个个小风车。入秋，枝枝丫丫生出许多花束，一朵朵象牙色小花，5枚硬挺的花瓣反折着，结成的果实橘红色，圆圆的像一粒粒赤豆。

茜草

茜草有发达的根状茎，茎节上生出须根，都是红色的，入药叫“茜根”，既活血又止血，道家说“久服益精气，轻身”，也是一味“仙药”。把茜草的叶片煠[1]熟浸出黄色液体后，没有吃的时候可以作为野蔬食用，果实红熟后也能采食，味道酸甜可口，《救荒本草》里称为“土茜苗”。

茜草

①煠：读 ye 音，焯熟的意思，是处理有毒野菜或有苦味等异味野菜的一种方法。

苍耳

苍耳 *Xanthium strumarium*

菊科苍耳属一年生草本

苍耳，有地则产，是至为熟悉的脚边草了。秋天，它那长满钩刺的果实总爱往人衣服上挂，牢牢地，小朋友也常用它来恶作剧，一不留神，某个小伙伴就带着一后背的苍耳回去了，还得摘半天。如果女孩子头发中着了，那更是麻烦。因此苍耳也叫“羊负来”，依靠人、畜附带散布是它繁衍的由径。

苏东坡说“药至贱而为世要用，未有若苍耳者”，在古代本草中把苍耳认作一种“长生药”，称为“葈耳”，据说“愈服愈善”“使人骨髓满，肌如玉”，治疗风瘫、疮痒有佳效。因此，宋代的《山家清供》、明代的《救荒本草》都把苍耳作为野菜收纳，记录了嫩叶、种子的食用方法，吃了不仅娱口果腹，还能耳目聪明、强志轻身。除了药食，苍耳的种子还能熬油点灯，区区一草，在古人眼里甚是有益。但是，苍耳实实在在的是有毒，尤其是嫩叶和种子毒性更剧，不能误食。

苍耳的种子作为药草，在那时常被制作酒曲用来酿酒，“酒醴妇人之职”，故而古人寄以妇人思夫、后妃进贤之义，这极普通的苍耳也就有了文绉绉的“常思菜”“进贤菜”等雅名。不知是不是因了这些称呼，古人把苍耳浑身是刺的果实看成了妇人饰挂的耳坠模样，还称之为“耳珰草”，可见物无雅俗、贵贱，只在人、时也。

苍耳

紫苏 | 白英

紫苏叶紫，世人以为“仙药”；白英体白，本草列为“上品”，这两种草还都可作为野菜食用，紫苏香喷喷，白英酸溜溜。

紫苏 *Perilla frutescens* 唇形科紫苏属一年生草本

紫苏古称“苏”，叶子圆而有尖，叶缘有锯齿，夏秋开花，花跟益母草的差不多，全株有一股像桂皮一样的辛香味，南北皆生，只是在不同栽培条件下变异极大。《农桑辑要》说紫苏的叶子“肥地者背、面皆紫，瘠地者背紫面青，面、背皆白，即白苏也”，白苏又叫“荏”。

紫苏

紫苏

紫苏行气和血，除寒热、通心经、益脾胃，尤其能解鱼、蟹毒，“苏”的名字也是因着草的药性而来，苏即通畅之意。紫苏历来都被视为“仙药”，在北宋时，有身价人曾经把它作为益生的佳品，做成羹，煎作汤，日常饮用，直到现在，江南人吃了蟹，考究点的也要喝一碗紫苏汤驱寒。但不过，紫苏下气，《植物名实图考》说多吃伤元气，还是有病时吃为好。作为良药，紫苏、紫苏子在古代历来都是各地需要交纳的赋税之一。

紫苏是药也是菜，叶、籽都可吃，《救荒本草》中有相关记录三条，分别是苏子苗、紫苏和荏子，吃法都是采叶煠食、煮饮，或者直接生食，特别是跟鱼一起作羹味道最好；或者采籽研汁、煮粥，还能榨油，称“苏子油”，只是它的气味不是人人欢喜。

白英 *Solanum lyratum* 茄科茄属草质藤本

白英蔓生，因周身密被白色发亮的长柔毛而得名，英有似玉美石的意思。白英的叶片互生，大多数长而有桠，很像小提琴。夏秋间，枝枝丫丫生出了许多聚伞花序，花放蓝紫，也有白的，将谢之际，花瓣翻转结成筒状，与同样围成筒状的雄蕊，隔着一轮绿萼两两相对，一丝柱头长长地突伸在外，别致得很。待等持螯赏菊之际，白英的果子成熟了，一簇簇通红通红，在山间、田边猛一见到，倒也一时惊艳，不免要掏出手机给留个影。

美丽的白英在本草中列为上品，主疗风疹、丹毒和疟瘴等风毒，民间还把它认作是治疗腰痛的要药，故而又名“排风子”。白英不仅是良药，还是佳蔬，嫩叶酸甜，夏天用来煮粥，可口还解热毒，荒年救饥，贫者祭牙，视为宝物，名之为“谷菜”，云南等地方则依味唤作“酸尖菜”。

白英

白英

紫苜蓿 | 紫云英

紫苜蓿、紫云英都开紫花，都是野蔬，也都能作牧草、饲料和绿肥，旧时曾把紫云英唤作“家苜蓿”。

紫苜蓿 *Medicago sativa* 豆科苜蓿属多年生草本

紫苜蓿，一般叫苜蓿，据说是西汉时从西域引进良马时，作为马的牧草一起带过来的，后来，全国各地，处处都有。苗高30~100厘米，茎细直立，多分枝，羽状三出复叶比南苜蓿要小而狭长，像豌豆的叶片。古人说风吹在成片的苜蓿中“常肃肃然”，似乎跑不出的感觉，因此就把苜蓿叫作“怀风”。

一个夏天，紫苜蓿梢间不断开出紫色的小花，常常二三十朵聚在一起，太阳光照着，光彩熠熠。花后不断结出卷曲如螺的豆荚，卷得很紧，不留一点空隙，里面包裹着十多粒黄棕色的种子，细小如黍米。紫苜蓿因着栽培方式和生境的不同，性状差别较大，譬如花也有黄色，或者深紫色的。

作为牧草和饲料，紫苜蓿一直是重要的经济作物，早在《齐民要术》中就详细记载了栽培技术。紫苜蓿不仅是好的饲料，还是上等的绿肥，种过紫苜蓿的田地，轮种粮食，稳稳高产。紫苜蓿和南苜蓿一样，也能采摘嫩叶作为菜蔬食用，估计味道不如南苜蓿，所以江南人一般不把紫苜蓿当菜吃。是草都是药，据说，紫苜蓿具有清脾胃、利大小肠的作用。

紫苜蓿

紫云英

紫云英*Astragalus sinicus*
豆科黄耆属二年生草本

《抱朴子》里说“五色并具而多青”的云母叫云英。开紫花、日照有光彩的那种豆类植物就被人们叫作了紫云英，夏纬瑛在《植物名释札记》中是这么说的。紫云英因为固氮能力强，曾经作为绿肥和猪饲料，在农业生产中大量使用，是曾与一代人伴晨昏、同呼吸的一种植物，有着深深的时代烙印。

紫云英长茎匍地，枝枝丫丫，也能长到尺余高，叶片是一长条的羽状复叶，小叶椭圆形。从春天一直到黄梅天是紫云英的花期，一枝花茎顶端擎着一丛紫色的小花，团团围着，外深内浅，犹如朵朵莲花，故而，人们也叫紫云英为“荷花郎”或者“红花郎”，田野之上，浩浩一片甚是好看，如同紫云飘摇。英也有花义，紫云英之名或是开花像紫色云朵的意思，倒也贴切。

紫云英在古代也叫苜蓿，算将起来，古时叫苜蓿的植物不下四种，还有三种分别是紫苜蓿、南苜蓿和草木樨，当时因囿于地域之见，常常混淆难辨。譬如，明代李时珍《本草纲目》就把紫苜蓿和南苜蓿混为一谈，在“苜蓿”条下，先描述的是紫苜蓿，说及花、果却接的是南苜蓿。清代的程瑶田在《释草小记》指出了李时珍之误，并特意就此作了考释。虽然他以亲自播种繁育的结果为依据，详辨了两种“苜蓿”的不同，但可惜所用种子并不是李时珍所说的“苜蓿”，而是草木樨和紫云英。程瑶田是一代朴学大师，“格物致知”切切实实，如此治学，着实令人可敬。

紫堇 | 黄堇

罂粟科紫堇属的野草花色缤纷，紫的、黄的、蓝的、白的，花开之际，明媚而热闹，是春天里一道风景。

紫堇 *Corydalis edulis* 罂粟科紫堇属一年生草本

紫堇在春初发苗，高茎柔垂，分枝披靡，叶片像香菜，面绿背白，看着是灰绿色的。茎上生出花枝，常与叶对生，梢端开出一串小紫花，犹如一条条小鱼，参差俯仰，尾尖首硕，张开着大口，“鱼贯”之态跃然眼前。花开败后，结成一条条小“豆荚”，垂着，也很有趣，到了夏天，热闹了一春的紫堇就归寂了。

据植物学家吴征镒考证，紫堇曾经是一种蔬菜。诗经“堇荼如饴”的“堇”字通“芹”，古代早些时候吃的芹菜就是紫堇。后来，紫堇逐渐被水芹所替代，沦落为了野菜，《救荒本草》说“苗叶味苦，煠熟浸净，油盐调食”，看来，紫堇见摈于食单，实是口味的问题。

《救荒本草》说味苦的紫堇，在《滇本草》中却尝出了“五味”，云南人称它“五味草”，入药清热解毒，收敛固精，润肺止咳，外敷还能止痒。

紫堇

紫堇

黄堇 *Corydalis pallida*
罂粟科紫堇属一年生草本

黄堇喜欢生在阳光充足、石砾多的地方，林间、山头、河边都能见到，一丛灰绿色中戗着斑斑黄锦，往往让人眼前一亮。

黄堇羽毛般的叶片贴地而生，如同莲座，也是面绿背白，绵绵的。草茎从基生叶叶际发出，方茎四棱，柔弱纤细。茎端分叉，叉梢开花，花开之际，茎头缀着密密的小黄花，和紫堇花模样差不多，一朵挨着一朵，挤得七倒八歪的，那黄色明媚得很，透过树冠的阳光洒落其上，更是平添了一份俏丽。花后结成的果实像极了槐树的“念珠果”，也是那么一串串挂在那里。

还有一种小花黄堇，古称“黄花地锦苗”，生在山林阴湿处，时常见它附于石壁、着于涧旁，方茎四棱，四散分枝，枝条像其他花的花葶那样，柔弱纤细，叶片两两对生。开花时，枝梢缀满小花，形、色与黄堇差不多，只是花后结成的果实是长柱形的，籽实不像槐实那么一粒粒凸起。

黄堇

小花黄堇

薄荷 | 豨莶

薄荷馥郁清凉，豨莶有股异味，虽然香、臭有别，但一样都堪大用，入药有殊常之效，采食或调味或果腹，都是有人特嗜的野蔬。

薄荷

Mentha canadensis

唇形科薄荷属多年生草本

薄荷清凉解毒，安神醒脑，祛风下气，兴奋发汗，所用甚溥，与我们的生活息息相关。薄荷叶子可以直接食用，江南一带常用来泡茶，或者热天喝绿豆汤放两瓣，凉意习习；西南地方，把它作为蔬菜，生熟皆宜，清爽得极。入药是治疗伤风头痛、咽喉肿胀、心腹胀满以及痈疽疥癣的要药，手头常备的仁丹、清凉油、风油精等都用到它，历代本草书中均以苏州出的龙脑薄荷为佳，据说这种薄荷“茎小而气芳，春二月宿根生苗，清明分种，方茎赤色，叶如大拇指，作椭圆形”，“以手搓之，香透手背”。平常用的牙膏、吃的一些糖果饮料、糕团点心中也都要放从薄荷中提炼出的薄荷油、薄荷脑，调剂口味。近来，薄荷在蓬勃兴起的香草热中备受青睐，家庭、香草园广为种植。有趣的是，据说，猫以薄荷为酒，吃了就要醉倒。

薄荷

薄荷

有大用的薄荷长得也蛮标致的，叶片碧绿，叶面凹凸有致，线条分明，两两对生在紫色的方茎上，夏秋之时，一层层叶片之际开出紫色的小花，团团簇拥，长长的雄蕊伸出在外，花柱更是突出，细气清爽，形神两相宜。作为重要的经济作物，薄荷广布南北，各地栽培的品种繁多，花、叶形态有一定差异，但有一个性状——花萼的齿都是长而锐尖的。

豨莶 *Sigesbeckia orientalis* 菊科豨莶属一年生草本

豨莶有股猪身上的味道，古代楚人呼猪为豨，呼臭为莶气，因此这种在楚地广布的草就被叫了这名。古人随口一呼的名字，如今看来却是“高大上”，野外瞧见，恐怕要比划一阵才能说清。

豨莶处处皆有，高高直立，全株被毛，一节两叶，叶际发茎，两两对生，层层而上，整齐得很。豨莶的叶片粗糙，叶脉明显，古人称之为“金棱银线”，因为粗的侧脉颜色深，细的网脉颜色淡。侧茎上节节开花，而以茎端为多，黄色，分着三叉的瓣状花色深，里面的管状花略淡。围着头状花序的五六枚花苞片，像一把把匙子，布满了硬硬的短毛，乍一瞧，还以为是苍耳的果实呢。

极为普通的豨莶曾经却有过不小的动静，唐朝时，两位官员，一名成讷、一名张咏，先后向朝廷上了《进豨莶丸表》，通过自己的经历，备言豨莶在治中风、乌须发、健筋力方面的效验，喟叹道“谁知至贱之中，乃有殊常之效”，极力推崇，也是从那时开始，“此药始著”。

相对于豨莶这么个别扭的名字，这种草的一个俗名“黏糊菜”就亲切多了，豨莶开花时，下部叶片枯萎，在侧茎的基部有黏液溢出，采摘嫩叶作为野菜食用也是黏糊糊的，“黏糊菜”适得其状，易记易述。

豨莶

豨莶

苦苣菜 | 苦荬菜

在古代，人们把苦荬菜和苦苣菜都归在“苦菜”里，也是能吃的野菜。确实，两者长得很像，但它们是分属不同的两种植物。

苦苣菜 *Sonchus oleraceus* 菊科苦苣菜属一（二）年生草本

苦苣菜

苦苣菜是极普见的野草，新叶细长，像一片片羽毛贴在地上，齐头围成一个圆，从上面看下去，那整齐的深裂又恰好组成了一圈一圈的同心圆，规整得很，只是不同的植株叶形多变。随后，那圆的中心抽出一枝花茎，逐节生长，节节抱叶，这些叶片也是深深的羽裂。茎端叶际生出一束花穗，稀稀拉拉地缀着一个个头状花序。花开之际，无数的舌状花被当中宽、两头窄的总苞紧紧包裹着，如同一个陀螺上顶着一簇黄絮。花开无多时即结果，无数果实带着长长的白色冠毛，柔柔地纠缠在一起，那一簇黄絮顿时换作了一个白球。随着绿色总苞渐枯，那个白球在风中也化作了朵朵白絮，四处飘散，又去落地生根了。

苦苣菜

续断菊

苦苣菜是古代苦菜的一种，折断苦苣菜的茎叶，乳白色的汁液就溢了出来，这个汁液初尝是甜的，马上变苦，苦得“良久不解”，因此，作为野菜食用，要先煠熟，用水浸去苦味后才能下咽，据说，长吃有利于保持充沛精力。

与苦苣菜同一属的花叶滇苦菜（*Sonchus asper*）也很常见，叶片比苦苣菜硬，有些白斑，边缘布满尖刺，像枸骨叶片的模样，它的另一个名字叫“续断菊”。

苦荬菜 *Ixeris polycephala*

菊科苦荬菜属一年生草本

苦荬菜没有苦苣菜那样的肥厚根茎，它的脚叶像白菜的小叶，不像苦苣菜那样羽状深裂；草茎上的叶片同样不裂，即使有裂，也是浅裂。苦荬菜的草茎光滑，而苦苣菜的草茎常布有柔毛。苦荬菜花序个数比苦苣菜多，总苞也不如苦苣菜那样长，只有它的一半，只是浅浅地包裹着那些黄色的舌状花，舌状花也有白色的。苦荬菜果实的顶端有一个尖尖的喙，而苦苣菜没有；果实上的冠毛比苦苣菜短得多，而且长短不齐，看上去像一个寸板头。

苦荬菜作为野菜，因着它的茎叶如同鸦嘴，就把它唤作了“老鹳草”，嫩叶的苦味不如苦苣菜厉害，据说拗折了五六回后，味道会变得甘滑。

苦荬菜

苦荬菜

鸡矢藤 | 鱼腥草

鸡矢藤、鱼腥草都有一股特别的味道，不喜欢的称之为鸡屎臭、鱼腥味，唯恐避之不及；喜欢的则以它们为美食，常常聊以娱口。

鸡矢藤 *Paederia foetida* 茜草科鸡矢藤属多年生草质藤本

鸡矢藤，也写作鸡屎藤。用“矢”还是“屎”无关雅俗，“矢”在古语中通“屎”，大家熟知的廉颇尚能饭否典故中就有这么一句话：“顷之，三遗矢矣”。

唤作“鸡屎”，只因这种植物茎叶揉碎后气味腥臭，闻着就是一股鸡屎味。气味虽然不好闻，但鸡矢藤的颜值很高。流火烁金之际，缀着一圈花边的浅色花筒，轻吐一点红晕，一簇一簇地点缀着柔茎芊藤，随风摇曳，透着浓浓的浪漫情调。待等金风送爽，那朵朵茜花变作了颗颗金珠，浪漫依旧。

对植物气味的感知，往往因地、因人而异。譬如芫荽，喜者呼作香菜，恶者则闻出了一股壁虱臭。鸡矢藤也是同样的际遇，在岭南，它是香气诱人的佳味，除了当蔬菜食用外，还揉入米面做成一些特色浓郁的地方小吃，如清明粄、鸡矢藤粄、鸡矢藤粑仔等，非常受欢迎。这和鸡矢藤具有散雾毒、清热气、去疳积的药效有关，岭南多瘴气，吃鸡矢藤有助于解毒。

鸡矢藤

鸡矢藤

鱼腥草*Houttuynia cordata*

三白草科蕺菜属多年生草本

越王勾践曾经在吴王夫差生病时，尝他的粪便以诊病情，因此落下了口臭的毛病。勾践复国后，范蠡命左右侍奉都得吃一种臭草，也搞成满口臭味，来掩饰国君的尴尬。这种臭草，就是蕺菜，闻起来，鱼腥气和着青草味，独特而浓重，因此，也被称呼为鱼腥草。

鱼腥草喜欢长在湿润的阴处，山上、田里都有，花朵绽放在初夏，淡黄色的穗状花序挺立在四片如同花瓣的白色总苞片中心，相互映衬，端庄脱俗，在元代，人们就喜将它种在牡丹根旁，一来驱虫，二来观赏。

在西方人眼里，花姿美好的鱼腥草极具东方风情。民国年间，“十里洋场”上海滩的公私花园里种了不少，供人观赏；1938 年的《北中国日报》就曾有过相关的报道；如今，鱼腥草已经成为了广泛用于景观绿化的观赏植物。

鱼腥草

鱼腥草

鱼腥草可食，作为蔬菜，历史悠久，口臭的越王勾践自己就特好这一口；南北朝时期的《齐民要术》中里载有“蕺菹法”，把蕺菜的地下茎和葱白一起腌了凉拌，口味相当重；到了唐朝，“山南、江左人好生食”的记录处处皆是。如今，鱼腥草在川、湘、云、贵等地仍是大受欢迎，凉拌、小炒、炖汤、泡饮，各有风味。

鱼腥草清热解毒，消炎化脓，很早就被用作药材。因种种原因，食用后产生了一些不良反应，在历史上曾被列入药食禁忌之列，以至于到了清朝道光年间，已经是既没人吃，也少有人用，“唯江湘土医莳为外科要药”。20 世纪 30 年代，鱼腥草的药用价值又得到了重新认可，此后，治疗应用日趋广泛，伤风感冒、咽喉肿痛，还有中耳炎什么的，都要用到它。

酢浆草丨酸溜溜

酢浆草，味道酸溜溜的；酸溜溜倒也确实酸溜溜，大名叫酸模，它俩都是可以生食的野蔬。

酢浆草 *Oxalis corniculata* 酢浆草科酢浆草属多年生草本

酢浆草整个毛茸茸的，处处有之，尤其是在低湿的地方长得更好，茎细弱，多分枝，或立或伏，挨着地的茎节上也会生根；茎上生叶，长长的叶柄基部有个“肘”，柄端着生三片小叶，如同一个个“爱心”，等分排列，常常害羞地垂着。酢浆草常年开花，小朵的黄花，5枚花瓣窄长而端圆，昼开夜合，如果白天阴沉沉的，花也是收拢的，收拢时像卷着的雨伞，开放后则平展而微垂。花后结成的果实如同迷你版的秋葵，成熟开裂，细小褐色的种子四下播散，极易繁衍，加上酢浆草有着发达的根茎，作为杂草，很难清除干净，种花、种田的都不喜欢它。

酢浆草虽然不讨人喜欢，但自古以来一直是生食的野蔬和治病的良药，还可以用来擦拭铜器，“令白如银”。酢浆草富含草酸，作为野菜生食味道如醋，也叫醋母草，小孩子特别喜欢吃。本草入药，捣烂外敷可治恶疮瘑瘘、蛇虺蜇伤；煎汤服食可解热渴，止痔血，曾经广为利用。

酢浆草

酸溜溜

酸溜溜 *Rumex acetosa* 蓼科酸模属多年生草本

酸溜溜即酸模，有着长长叶柄的叶片像一簇大白鹅翅膀上的羽毛插在地上，其间抽出的草茎独立直上，粗壮高大，上有深深的沟槽，茎节处常染红晕。茎上的叶片比基部的叶片小，几乎没有叶柄。

初夏时节，草茎上部密密麻麻地布满了粟子一样的小花，淡绿中泛着暗暗的红晕，随后，开雌花的那些植株就结满了长着三条锐棱的果子，犹如一个个钻头，说不上美丽，只是蛮热闹。

有些地方把酸溜溜称为野菠菜，嫩茎和叶片可生食、热炒、做汤，或者用于料理调味，酸溜溜的，有凉血、解毒之效。

荠丨碎米荠

据夏纬瑛《植物名释札记》考证，荠当为“齑”，有细碎之义，荠菜小而细碎，故而以“荠”为名。碎米荠长得也细小，因此就同被纳入了“荠”的行列，只是与荠菜并不在同一个属。

荠 *Capsella bursa-pastoris*
十字花科荠属一（二）年生草本

荠

荠，就是荠菜，处处都有，早春发苗，叶细，有锯齿，铺地而生。农历三四月间抽葶，开满细碎的小白花，纤琐如点雪。花后结实，呈倒三角形，江南一带称之为“响铃铃”，成熟爆裂，花籽散落，生生不息。

《诗经》称“谁谓荼苦，其甘如荠”，从此之后，荠菜一直被奉为美食，与不少人结下了深深的情缘。宋代的范仲淹吃荠菜“嚼出宫商角徵”，苏东坡说“君若知此味，则陆海八珍皆可鄙厌”，陆放翁一迭连气吟出了《食荠十韵》，可谓推崇备至；现代的周作人称挖荠菜时“蹲在地上搜寻，是一种有趣味的游戏工作”，唐鲁孙念念不忘的是上海乔家栅荠菜汤圆的“菜根香风味”，张恨水病后吃粥，搭了云腿拌荠菜，连呼“所谓粥菜逸品，今得之矣”，众口一词，溢美不绝。

荠菜是美味，却也是最普惠的野蔬。宋代的《清异录》说，荠菜俗称

荠

“百岁羹”，哪怕穷得嗒嗒滴也吃得起，就算活到一百岁还能吃得动，其中“真味”仍旧可以常常享用。

苏州人把荠菜唤作“谢菜”，很少有人不喜欢吃，早春去野外挑荠菜是一件令人兴奋的美事。挑得来的野荠菜，用滚水一焯，凉水里漂过，挤干，剁细，炒肉丝、炒笋片、炒荸荠、包馄饨……鲜，鲜得眉毛也要褪掉，据说荠菜含有 11 种天然味之素——氨基酸。

“挑根择叶无虚日，直到开花如雪时”，到了农历三月初三，一直当家的荠菜叶要让位给开得闹猛的荠菜花了。这一天，荠菜花被称为“亮眼花”，从前妇女把它插戴在头上，祈祷眼目清凉，而且时髦得很，“三春戴荠花，桃李羞繁华”，雪白的荠菜花竟然压过了芬芳的桃花、李花。或者，把荠菜花和糖年糕一起用油煎了吃，年糕借了花的光，也被叫作“眼亮糕”。“三月三，蚂蚁上灶山”，荠菜花在三月初三除了插戴和吃，据说还有一个作用，就是放在灶台上用来驱赶虫蚁。据《清嘉录》记载，那时候卖荠菜花也是一个营生。荠菜的籽也能吃，《救荒本草》记载，把荠菜籽用水调搅成块，可以做成烧饼，或者煮粥，味道黏滑，在旧时是充饥的佳品。

大人心目中甘美的野菜到了小孩眼里，却成了不错的玩具，春日阳光下，他们三五成群，摘下荠菜的串串果序，擎在手中，不停地转动，仿佛拨浪鼓似的，村头田埂，蹦蹦跳跳，叽叽喳喳，盎然的野趣渲浓了春的味道！

碎米荠 *Cardamine hirsuta*

十字花科碎米荠属一年生草本

虽然名“荠”，但碎米荠和荠菜长得却大不一样。荠菜是单叶，果子三角形；碎米荠是羽状复叶，果子线形，长得像油菜。

明代王西楼《野菜谱》云：“碎米荠，如布谷”，碎米荠铺地而生，在早春开出了细碎的小白花，就像撒了一地的米屑，白敷敷的一层，“碎米”，名副其实。

碎米荠和荠菜一样，也是一种野菜，味道像苏州人喜欢吃的小青菜，只不过梗茎过多，吃起来有点麻烦，难怪《野菜谱》说“止可作齑”，只能剁细了拌来吃。

碎米荠

碎米荠

马兰 | 繁缕

马兰叶如兰而大，繁缕茎似缕而繁，二者俱以形名。马兰的“马”是大的意思，“兰”是菊科的一种植物，有人认为可能是泽兰、佩兰的小苗，并不是现在所说的兰花。

马兰 *Aster indicus*
菊科马兰属多年生草本

初春刚发出的马兰苗，一直是备受欢迎的野菜，人们亲切地叫它“马兰头”。明代王磐《野菜谱》中称“马兰头”为“马拦头”。“马拦头，拦路生”，一直从城门口沿着官道长到荒郊野外，形象地指出了马兰生于路边，人们行经之处常见的习性。

《救荒本草》记载，马兰头的吃法是采嫩苗煠熟，清水浸去辛味，用盐油拌着吃。以前苏州也是这样吃的，把新鲜的马兰头滚水里焯一下，捞出，冷开水过一遍，挤干，切细，加盐、糖、熟菜油，和同样焯过、切成沫子的香豆腐干拌了吃。马兰头焯一下，是苏州人吃野菜的惯例，怕伤胃；香豆腐干焯一下，为了去掉腻头；油不用麻油，因为麻油会夺香，这就是讲究。近来，马兰头一般是煸来吃了。煸炒马兰头一定要油多，否则，真的是吃草哉，难以下咽。

马兰的花似野菊而紫，从夏天一直开到深秋，雅致得很。但不过，开花的马兰却少有人顾以青眼，大约是那时候的马兰已经无“头”可吃，归以寻常野草了吧。

马兰

繁缕

繁缕 *Stellaria media*

石竹科繁缕属一（二）年生草本

繁缕，生于田间，在低下潮湿的地方尤多，一缕主茎，节节引蔓，蔓上生蔓，繁茂缠绕，极易滋长，因而得到了这个名字。

繁缕在农历正月萌发，冒出的嫩头就是“文文头”，脆嫩甘美，最好吃的辰光是梅花开到梨花落这一段日脚。清明脚边，“文文头”就老了，吃起来要嵌牙齿哉。

一个苏州，不同地方对繁缕的俗称也不同，太湖边的人家叫“文文头”，其他地方则称为“鹅肠肠”。为啥叫“文文头”，未明究竟；称为“鹅肠肠”是因为繁缕的草茎细长中空，掐断后，有丝缕粘连，跟鹅的肠子很像。

繁缕长得旺，花也开得勤，白色的花朵一年到头缀满了茎头，结的果实只有稗子那么大，种子细小，很受鸟儿们的欢迎。

棉茎头 | 浆瓣头

密布白毛的鼠麴草像裹了层棉花般，马齿苋叶片富含黏糊糊的浆汁，都是早春的野菜，野菜总是采摘嫩头食用，故而在苏州一带，它俩依形分别有了“棉茎头”“浆瓣头”的俗称。

棉茎头 *Pseudognaphalium affine* 菊科鼠麴草属一年生草本

鼠麴草叶形如鼠耳，花黄如麴色，又可和米粉、面粉做成食品，所以有了这个名字。“茸母初生识禁烟”，寒食清明，浑身毛茸茸、白乎乎的鼠麴草冒出了地面，抽出的花茎还蛮像人们喜食的菜茎，苏州光福人以形取名，就把鼠麴草叫作“棉茎头”了。

清明脚边，嫩嫩的鼠麴草曾经是苏州不少地方做青团子的主材，滚水焯一下，打成浆，和在面粉中，做成的团子清香扑鼻，鲜碧诱人。这种平常的做法细究倒是古风的沿存，一来鼠麴草能治气喘和支气管炎，汉朝时已经入了本草，清明时节吃一些或有补益；二来经蒸煮后，鼠麴草颜色较艾蒿、麦类等为艳，是春秋时就用的祭品，名字叫“青”。

时下，用植物汁液染色又成了一种时尚，鼠麴草就是一种很好的色料植物。南梁时的《荆楚岁时记》里说，把鼠麴草的花和枫杨的皮打烂后，染制粗布，经久不褪，到布破了，颜色还是鲜艳如初。

鼠麴草

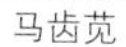

马齿苋

浆瓣头

Portulaca oleracea
马齿苋科马齿苋属一年生草本

农历二月里，采下肉嘟嘟的马齿苋嫩头，滚水里一焯，捞起来切丝，加好佐料凉拌，味道酸酸的，裹满黏糊糊的浆汁，“浆瓣头”的名字就是这么来的。马齿苋采得多了，一时吃不掉，焯过后晒干，放起来慢慢地烧肉吃，一点也不输菜花头干。马齿苋相比其他早春的野菜，干物质多，可以当饭吃，而且一吃就饱，“能肥肠，令人不思食”，在从前是度过荒年的一宝。

马齿苋叶青、梗赤、花黄、根白、子黑，恰恰合乎五行说中的东青、西白、南赤、北玄、中黄的布方，在释道两家眼里是不折不扣的“仙草”，尊称为“五行草”或“五方草”。

五代时期的《蜀本草》称马齿苋节叶间有“水银”，熬干后每十斤鲜草能得八至十两，这种说法长期广为流传。明末宋应星经过实地考察研究，针对这种观点，直斥为“无端狂妄，耳食者信之”。猜想起来，马齿苋能出“水银”，谅必也是古人观察得来的结论，未必“无端狂妄”；“耳食者信之”，以讹传讹倒可能是这种无稽之谈的根源所在。掰下马齿苋的叶子，会有一点稠黏透明的浆汁出现，这或许就是古人所说的“水银”吧，还待方家考证。

婆婆纳 | 打碗花

婆婆纳花瓣如同纳起的破布，打碗花花朵好似破而未散的小碗，两者的名字都是来自一个“破”字，取义却是纳、散有别。

婆婆纳 *Veronica polita* 玄参科婆婆纳属多年生草本

和一枝黄花一样，婆婆纳也没有外来的波斯婆婆纳来得常见，每当波斯婆婆纳铺天盖地、汹汹涌涌之际，婆婆纳总是不知待在什么角落里，悄悄开放，一时间难觅踪影。

婆婆纳虽然和阿拉伯婆婆纳一样铺散多分枝，但叶仅 2~4 对，长得稀稀拉拉的，花朵细小，嫣嫣的淡紫色，远不如蓝蓝的、密密的阿拉伯婆婆纳那样显眼，很容易被人忽略。婆婆纳的茎叶味甜，可以当蔬菜食用，在旧时荒年，曾经是救命的菜蔬。

婆婆纳分布较广，古时常将“婆婆”两字来称呼常见之物，花瓣上蓝色纹路细密有致，像极了纳起的针脚，因此有了“婆婆纳”之名。婆婆纳曾经被叫作“破破衲”，这也是因为婆婆纳那嵌着纵向条纹的花瓣像一片片补缀而成，古人就把它想象成了僧众的百衲衣。

婆婆纳

打碗花

打碗花 *Calystegia hederacea*

旋花科打碗花属一年生草本

打碗花应该是我们见得最多的喇叭花了，田间地头、路边荒地、绿化带里全都有它，长茎蔓地，满满的绿色。到了夏天开花之时，一根根细茎擎着一个个小喇叭，又是满满的淡红色，一片欣荣，热烈的夏天有了它，似乎更加热烈了。

打碗花又叫小旋花，因为它比同属的旋花（*Calystegia sepium*）花、叶都要小，攀缘力也差，一般不会像旋花那样直溜溜地顺着树干往上爬。

打碗花的根很长，大的像筷子粗，富含淀粉，甘甜可口，有些地方拿来烧饭或者磨粉蒸饼，还可以酿酒、制糖，明初的《救荒本草》称其为“葍子根”，荒年时可以救一时之急。不过不能一直吃，“久食则头晕、破腹，间食则宜”，因为打碗花的根有一定的毒性。也有说《救荒本草》里的“葍子根”是旋花，古代本草书中常常把几种旋花科的植物混在一条里。但从书中配图来看，这种植物的花冠口缘呈多边形，应该更像是打碗花，旋花的花冠口缘偏圆。

婆婆针 | 婆婆针线包

因着果实，人们把菊科的一种植物叫作了婆婆针，恰好，萝藦科的萝藦有个别名婆婆针线包，婆婆针放入婆婆针线包，最妥帖不过了。

婆婆针 *Bidens bipinnata*

菊科鬼针草属一年生草本

时常将“婆婆”两字来称呼常见之物，婆婆针就是常见的果实如针的草。

婆婆针秋天开花，头状花序由许多黄色小花聚集而成，边缘的小花化作花瓣状，有的两片，有的三片，还有的却只有一片。果实成熟时，顶端芒针形成多枚岔开，从它身边走过，就会不知不觉像针一样一丛丛地扎到衣服上，很难摘干净。正是如此悄无声息，鬼不知、神不觉地就随了人的身，北方人多称它为“鬼针草”，南方人则喜欢叫它“鬼钗”。

与婆婆针同科同属还有一种鬼针草（*Bidens pilosa*），头状花序边缘无黄色花瓣状小花，果实与婆婆针相似。

婆婆针

婆婆针线包

婆婆针线包 *Metaplexis japonica*

萝藦科萝藦属多年生草质藤本

萝藦长藤攀蔓，纵横四出，可登之三四楼高，叶青绿而厚长，后大前尖，叶末凹似弯弓，清晰的白色叶脉如同描画其上，两两对生，委婉秀雅，《诗经》里称它为“芄兰”，折断茎叶有白色乳汁溢出。

“芄兰之支，童子佩觿”，萝藦花开七月，一丛丛紫白小花缀满叶际，结成的果实如同羊角模样，支在叶际，古人就把用来解绳结的角锥——觿作了比兴。青青、软软的萝藦果子裹着一包长有白色种毛的种子，种毛很长，柔软如绢丝，古代曾用来代替棉花做成坐垫，据说既轻又软。每到霜后，萝藦果实枯萎裂开，那些轻薄的种子随风飘散，人们就着果和籽称呼萝藦为“婆婆针线包”，形象得极。

萝藦的种子叫萝藦子，内服补益精气，主治虚劳，是滋阴的良药；外用生肤止血，能愈金疮，传说汉高祖刘邦在战时曾用过，还赐了个名，叫“斫合子”，就是能愈合刀伤的籽实。萝藦的叶子入药功效同于萝藦子，煠熟浸去苦味后，还是一种野菜，叫作“羊角菜”，《诗疏》中说，“鬻为茹，滑美”。

绶草 | 佛座

旧时，绶带乃庙堂贵仪，寒门企之；佛座为伽蓝宝物，凡夫仰之。植物始终与人事息息相关，一草一木仗着绵长的生命，往往一个名字就不经意间能向你介绍了一时的风情。如果，这两种草新发现在时下，那么又会被叫作什么呢？

绶草 *Spiranthes sinensis* 兰科绶草属多年生草本

春渐老去的江南，湿热日隆，乏味的草坪却不经意地冒出了一枝枝高不盈握的花茎，亭亭玉立，一朵朵小花在那盘旋的花序上依次开放，打破了习惯的沉闷。

正是因这盘旋而上的花序，人们便称呼这小草为“绶”与“盘龙”，如此秀草竟有如此“大”名。也正是那花序，让花道中人感到了一股难名的“玄”力，直接称之为“捩花”，插花时常要用其他低铺的花叶来平衡，方能释怀。

花茎上着生的朵朵小花，红得靓，白得洁，娇媚得很。造物微妙，始终把握着一个“度”字，这朴质的“扭力”中还得要布上了一股美美的柔意，方称中庸。如此布排，难道这小草是专为阐释孔夫子说的“文质彬彬”而生的么？

据说，绶草的花蕾由下而上依次绽放，每天只开一朵。半月后，“美人凝妆花满镜”，终究结成了一条庄雅的绶带，生命的绚烂怦然而出。

绶草

绶草

佛座 *Lamium amplexicaule*
唇形科野芝麻属一（二）年生草本

早春 3 月，只要行走在未经人工整饬过的路边、宅旁、林缘、田间，都能见到一丛丛方茎赤紫、圆叶对生、钝齿深纹、抱着茎层层生长的野草，叶际缀满了一团团的唇形小花，粉紫色，齐着脚踝，傍着人膝，一直到暖风已熏的 5 月，还能见到它。

那团簇在叶中的唇形小花，上唇直伸，高高昂起，最是吸引人处，古人看来，犹如日常习见的佛家伞盖，因此，人们就把这种野草称作了“宝盖草”。草茎上一层层有致的叶台又如同垒垒莲座，那么，“佛座”自然也就成了它的别名。

宝盖草大多开的是紫花，但也有例外，偶尔在一丛粉紫中能见到一枝、两枝白花，雪白的花瓣上精致地点缀着数点紫斑，出挑得极，格外引人注目。

佛座

白花佛座

佛座

瓜子金 | 元宝草

瓜子金、元宝都是古代的货币样制，人们把两种叶子有点这种模样的野草分别唤作了“瓜子金”和“元宝草”，富气盈盈，如果和绶草、佛座那些有着“贵名”的草长在一块，倒也十分讨口彩。

瓜子金 *Polygala japonica* 远志科远志属多年生草本

瓜子金的叶片镶着一圈红边，筋脉分明，向上靠着直立的茎秆，别具特色。清明过后，浓紫色的小花绽放在茎端，每朵花口挂着一簇淡色的流苏，一丛丛稀稀拉拉地散落在山间路边，盈盈一扎，很是显眼。古人说，这种植物的叶片如同瓜子，就此把它叫作了“瓜子金”，只是这片片“瓜子”长了点。

瓜子金的花别致，看到的三片张开的花瓣实际是它的萼片，里面合生在一起的才是花冠，由两片侧瓣和一片龙骨瓣组成，拱起如同小舟模样的龙骨瓣居中，头上顶着的一簇流苏是它的附属物。

瓜子金虽然植株矮小，但它的根很长，因此在云南等处也把它称为“紫花地丁”，是乡间医生倚重的一种外用草药，碰到跌打损伤、痈疽肿毒、疥癞癣疮，一般都要用到它的茎叶和根，活血止血、安神解毒。

瓜子金

瓜子金

元宝草 *Hypericum sampsonii* 藤黄科金丝桃属多年生草本

元宝草，山地、平原、园圃处处有之，至贱却有着金贵的名字。元宝草纤茎独立，两叶对生，连成一体，微微上翘，茎穿叶心，叶际分枝，分枝上的叶片也是如此，真像是串着的一个个元宝。

元宝草虽然细弱，但花量却惊人，花开时节，花茎顶端连同下方六个叶腋都生出花枝，缀满了密密麻麻和金丝桃差不多模样的黄色花朵，组成了一个庞大的花序，纤巧中却隐隐透着一股霸气，也是初夏乡野间的一道风景。

元宝草的果实，两侧具龙骨状突起，一颗颗排列着，如同古代的头饰"翠翘"，和因此而得名的连翘相仿佛，因此也被叫做"黄叶连翘"。

元宝草叶片、花瓣、花萼、花药都具有腺点，或黑色、或透明、或淡色，富含金丝桃素，揉碎有香味，特别是它的根，清香馥郁，入药也被唤作相思草、灯台草、双和合等名字，这些称呼都来自它那对生的元宝状叶片。

元宝草

元宝草

毛茛 | 水堇

古人觉得毛茛和石龙芮很像，因此把毛茛认作有毛的石龙芮，称为“毛石龙芮”；把石龙芮认作是长在水湿处的毛茛，毛茛那时叫“毛堇”，因此石龙芮有了“水堇”的名字。

毛茛 *Ranunculus japonicus*
毛茛科毛茛属多年生草本

毛茛，在田头、路边，不经意就能见到它，低湿处尤其多。早春时节，毛茛发苗了，一枝三叶，叶有三裂及细齿，毛茸茸的，一丛丛铺地而生，稍后，抽出草茎，茎上叶片的叶柄由下而上缩短而渐无，叶形也逐渐变窄，到了上部就成了紧贴着茎秆生长的线形叶了。

随着天气稍暖，草茎上部开出了一束束疏散的花束，大朵大朵的黄花，平展着五片花瓣，在阳光下明晃晃地招摇着，很好看。到了初夏，更是茂盛。毛茛的果实属于瘦果，扁扁的一个等边三角形，很薄，头上有个尖凸，周边有很窄的一圈棱，如此果实再聚作一球。

毛茛

毛茛全草有毒，在本草中是外用治疗疮癣和消肿的良药，它的名字也是因着它的毒性而来。茛是毒草乌头小苗的名字，毛茛这种草的形状和毒性都和乌头小苗相似，只是全株有毛，因此得名。

毛茛

水堇 *Ranunculus sceleratus* 毛茛科毛茛属一年生草本

石龙芮喜欢长在水湿处，初春时节，贴地生出一丛叶片，团团三裂，裂上再裂，像一个个笔山，着生在耸立的叶柄上。古人觉得它和毛茛差不多样子，毛茛也叫毛堇，因此把石龙芮就称为了水堇。

其实，石龙芮的花、果和毛茛区别明显。暖风微醺，石龙芮叶丛中抽出花茎，茎上生叶，叶片狭长，浅分裂，好像杨戬的兵器——三尖两刃刀，和基生叶不是一个模样；茎端分枝，生成一个聚伞花序，着生了许多小花，黄色的五枚卵形花瓣和一圈雄蕊围着一个绿色的球形花托，花瓣明晃晃的，如同上了蜡一般。花后，那个绿色的花托伸长，结成桑葚模样的果实，聚合了数百枚极细小的瘦果，“芮芮，细貌”，据说，石龙芮的名字来自它的果实。

新鲜的石龙芮是一味毒草，入药不能内服。放久了或者久煮后，就解了它的毒性，道家将之列入“仙草”，《本草经》说“久服轻身、明目，不老”;《本草纲目》则说“江淮人三四月采苗，瀹过，晒蒸黑色为蔬”，因为味道辛辣，故而称为“胡椒菜”。

水堇

水堇

半边莲 | 单花莸

半边莲花开半边，单花莸茎生单花，它俩都是耐阴的地被植物，采放一处，两两谐趣。

半边莲 *Lobelia chinensis* 桔梗科半边莲属多年生草本

半边莲喜欢长在半阴的田边沟头那些潮湿的地方，就地细梗引蔓，节节生根，叶细长，茎直立。秋天，茎端叶间开出小花，一茎一花，分紫色或白色，只是花冠偏于一边，如同半朵睡莲，因此叫作半边莲。半边莲入药主治毒蛇咬伤，人一旦被毒蛇所伤，性命危在旦夕，如果及时采到半边莲，捣汁饮，以渣滓围着伤口涂抹，可解一时之危急，故而人们又称半边莲为“急解索”，因为半边莲长蔓拖地，如同绳索一般。

半边莲生性强健，自播能力强，加上匍匐茎也能生根，很快就能覆盖一方土地，在国外常被用作地被植物，一般种植在上午阳光充足、下午遮阴的池塘与溪流边缘，花开时节很好看，会引来好多蝴蝶和蜂鸟，它们喜欢半边莲的花粉。

半边莲

单花莸

单花莸*Caryopteris nepetifolia* 马鞭草科莸属多年生草本

莸草类大多是聚伞花序，而单花莸则是单花腋生，很少见。“其气殨臭，故谓之莸”，莸草有一股烂木头的味道，这就是“殨臭”。虽然味道不讨人喜欢，但单花莸的花还是很美丽的，雅致的淡蓝色，四片花瓣，两两对生，拖着一枚长长的、洒满紫色斑点的唇瓣，居中的蕊柱伸扬反顾，独朵着生，纤柄悠悠，恰如一只只翼张飞舞的仙鹤，有些地方也把单花莸叫作“仙鹤草”。

单花莸喜欢长在阴湿的林地，基部木质化，有时会蔓生。茎方被毛，薄叶圆钝，缘饰齿缺，密布柔毛及腺点，腺点里含有挥发性油类，单花莸的气味就是来自于这些油类，从中的提取物可以制药。美丽的单花莸在绿化中常有应用，种在林下、水边荫蔽处，布置花境、用作地被，花开之际，如万蝶扑朔，迷人得很。

点地梅 | 附地菜

花如梅形，贴地而生，故名点地梅；嫩叶作菜，铺散墙脚，因称附地菜，两个放一堆，其义自胜。

点地梅*Androsace umbellata* 报春花科点地梅属一（二）年生草本

暗香疏影亦未生，探得一点春消息的点地梅，就冒出了新叶，叶片团团，叶柄修修，贴地而生，茸茸一丛。不多时，这一丛嫩绿中生出了数枝花葶，枝枝丫丫，疏疏落落地缀着一朵朵小花。花分五裂，白瓣黄心；经过了数个晨昏，无瑕的花瓣渐敷粉色，恰如散落在地面的点点梅花，素丽而细巧，一副不加修饰天然美的模样，点地梅是早春林下的小家碧玉。

貌清的点地梅，质也清，入药清热解毒，纾解咽喉疼痛、疗治口舌生疮有佳效，因此人们称它为“喉咙草”，落在了烟火中，那一份雅致也就是这么实际了。点地梅在山上常见，有人走山路时不小心崴了脚，或者摔疼了，只要随手抓一把叶片，揉烂了敷在伤处，可解一时之急。

点地梅

附地菜

附地菜 *Trigonotis peduncularis* 紫草科附地菜属一（二）年生草本

附地菜，软茎丛生，密密匝匝的一堆，铺散在墙脚边、田埂上，实在是名副其实。

附地菜的叶片像把汤匙，沿着中脉稍稍折起，着生在长长的叶柄上，团团聚成一朵莲花。叶丛中抽出的花茎上交错抱着椭圆形的叶子，顶端开出一束束花序，刚生时卷曲着，逐渐释放伸长，缀满了一簇簇细如粟米的小花，五片粉蓝色的花瓣，中心点缀着一个淡黄色的圈，下面有一根管子，里面装着花蕊，精致而美丽，花期从初春一直延续到仲夏，一些花园中也拿它用来点缀，观赏期长，又好看。

斑种草 | 盾果草

斑种草果实表面粗糙斑驳，盾果草果实背面凸起如盾，分别以此为名，直接而实在。

斑种草

Bothriospermum chinense

紫草科斑种草属一年生草本

三四月间，野外有两种开着五瓣小蓝花的小草引人注目，长得很像，它们就是紫草科的斑种草和附地菜，在早春，它俩是一抹不可多得的蓝色风景，只是斑种草多见于北方，而附地菜遍布全国。

两草相较，附地菜细气，斑种草则粗犷，株型大，汤匙状的基生叶向上散开，草茎也是同样四散而出，不像附地菜那样贴着地面柔柔的模样。斑种草和附地菜同样全身被毛，只是斑种草的毛硬而开张，一根根竖在那里，而附地菜的则服服帖帖地贴着茎叶。斑种草的花比附地菜略大，蓝色的花瓣上多了几条深色的条纹，中心的那个小圈是白的，不是附地菜那样黄的。

斑种草的果子属于坚果，如同一个个小小的猪腰子，表面密布网状褶皱，褶皱里嵌着一粒粒的凸起，细细看来，斑斑驳驳，难怪要给起了个“斑种草”的名字。

斑种草

盾果草

盾果草 *Thyrocarpus sampsonii*

紫草科盾果草属多年生草本

初夏时节，盾果草那毛茸茸、像一把把汤匙的叶片中抽出了紫褐色的花茎，茎上也长着像汤匙一样的叶，只是叶柄短了许多，甚或没有，就那么紧紧地抱着花茎。

随后，花茎顶端和叶际枝枝丫丫地开出一簇簇粉蓝色的小花，五片圆圆的花瓣平展，五枚花蕊围成一个小坛子嵌在中心，也是粉蓝色的，镶着一圈淡色的花边，在溽热的炎夏中渲染了一丝清凉。

花后，结成四个果实，挨着，在五枚花萼围成的圈里排列得方方正正的，如同盛放在碧玉碗中的四枚小汤圆，虽然没有鲜艳的颜色，但也自有一份素净的美。

盒子草 | 喇叭花

喇叭花是牵牛的俗称，果像盒子的就是“盒子草”，花如喇叭的就是“喇叭花”，人们分别以果形、花样拟了两个物件作了它俩的草名，恰到好处。

盒子草 *Actinostemma tenerum* 葫芦科盒子草属多年生草本

在水边草丛中，常可见到一种缠绕在其他草秆、茎叶上的蔓草，茎柔枝纤，挂着一张张薄而大的三角形叶片，两面都疙疙瘩瘩的，它叫“盒子草”，这个名字是缘着它的果实而来。

盒子草的果实绿色，有一个半圆的身筒和一个锥形的盖组成，成熟时，那个锥形的盖就像被掀起那样打开了，整个模样真像个盒子。“盒子”里装的种子很美，表面布满了花纹，如同精心雕刻的工艺品，两两合生，入药唤作“鸳鸯木鳖”，利尿消肿、清热解毒。这美丽的种子还有一个用处，就是用来做肥皂，因为它含油丰富。

说罢了盒子草的“盒子”，再来瞧瞧结成这“盒子”的花。盒子草的花分雌雄，着生一序，同样模样的花萼裂片和花冠裂片排成两轮，如针如芒，夏季花开时节，茎枝间密密麻麻，如同天川繁星。近看，又像一个个八爪鱼，张牙舞爪，很是有趣。

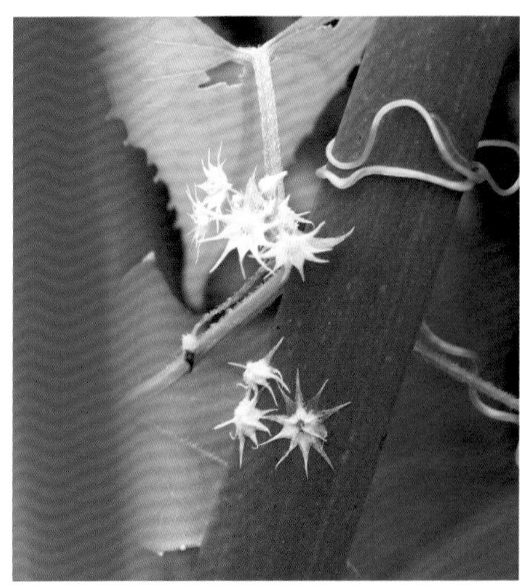

盒子草

喇叭花

喇叭花*Ipomoea nil*

旋花科牵牛属草质攀缘藤本

“薰风篱落间，蔓出甚绸缪”，五六月间，暖风微醺，爬满竹篱笆的牵牛藤蔓缠绕，葳蕤葱茏，一朵朵喇叭花迎着清早第一缕阳光奏响了美丽的晨曲，紫色的、粉红的、淡蓝的……到了中午，这一堵缤纷敛起了花容，就这样朝开午落，一直到初秋。美丽的喇叭花从不择地，随处可安，总是那么热烈奔放，人们很是喜欢，以前园圃中常常种植，只是需要早起才能欣赏到它的最佳花容，在中国称它为“勤娘子”，日本则名之为“朝颜”，更是培育了许多园艺品种。

喇叭花的叶片圆而有裂，大多三歧，也有五刻，裂口或深或浅，或锐或圆；裂片或长或短、或宽或窄，形态多变。牵牛的果子是球形蒴果，带着宿存的线状苞片、花萼，有点牛首的模样，古人还觉得像当时的一种蒸具——甑，因此也叫它“盆甑草”。果子熟时，分作三瓣裂开，种子称为“牵牛子”，有深浅两色，深色的叫“黑丑”、浅色的叫“白丑”，因为在地干中“丑”对应的是生肖牛，入药，多用黑丑，有泻水利尿，逐痰，杀虫的功效。

花点草 | 金线草

花点、金线都是以前服饰上的装饰，草中恰有以此为名的，正好凑在一起。

花点草 *Nanocnide japonica* 荨麻科花点草属多年生草本

花点草，多有诗意的名字，叶片小小的，团团聚生在晶莹的草茎上，匍匐于阴湿的山谷林下和石缝之中。春光大好之际，如果恰在幽山古刹的残阶之上、断碑之缘遇着，又逢浓绿之中点点紫花伴着星星绿花，无论细雨蒙蒙，还是光影斑驳，那一份气息大概就叫"禅意"了吧?

如此可人的小草，我们来仔细瞧瞧。盈盈一扎的花点草，贴着地面四面伸开，黄茎透明，翠叶浓绿，花分雌雄，雄花序生于枝稍叶际，雌花序稍下，也从腋生。雄花紫红色，附有长毛；雌花绿色，花瓣先端长有透明的长刺毛。花点草茎、叶、花色彩各异，这些颜色合在一处，恰如花点般铺洒在地，静谧之间透着一股灵气。

花点草

短毛金线草

金线草

金线草 *Antenoron filiforme* 蓼科金线草属多年生草本

金线草广布于全国各地的山林中，初生时四叶簇生一处，叶心也有紫印一勾。随后抽出长茎，高高挺立，膨节凹沟，茎上叶片两两互生，茎叶皆有长长的涩毛，从它旁边走过，一不小心就会被挂住衣服。

蓼科大多数植物的花或果子都很好看，金线草也是如此。赤日炎炎之际，金线草草茎顶端伸出数个修长的花序，上面稀疏有致地排列着朵朵嫣红的小花，错落在一片葳蕤之上，风起之时，抖抖巍巍，风情独到，在闷沉沉的溽热中挑破了一点灵动。

在金线草生长的地方，还有一种短毛金线草（*Antenoron filiforme* var. *neofiliforme*）也常见。短毛金线草除了叶片前端长而尖，茎叶上的毛少而短外，其余性状都和金线草差不多。

一枝黄花 | 三脉紫菀

“一枝”对“三脉”，“黄花”对“紫菀”，无非游戏文字，聊博莞尔。

一枝黄花 *Solidago decurrens* 菊科一枝黄花属多年生草本

一枝黄花是乡土植物，分布在丘陵地带林缘和林下，不常见，并不是外来入侵的加拿大一枝黄花。

和株型高大粗壮、一条条花序张扬着垂挂下来的外来者相比，一枝黄花温文而含蓄，个头矮，草茎弱，叶片绿，花序小，风中摇曳，独有一份幽谧。

一枝黄花的叶形变化丰富，椭圆形、长椭圆形、卵形或宽披针形，各色叶片长在一起，却并不突兀。每年 4~11 月是一枝黄花的花果期，头状花序有的紧紧地聚在一起，有的稀稀拉拉披散下来，纯黄色的花朵你方开罢，我又登场，绵迭不断，伴随着植株直到枯萎归寂。

一枝黄花

三脉紫菀

三脉紫菀 *Aster trinervius* subsp. *ageratoides*
菊科紫菀属多年生草本

三脉紫菀野气十足，浑身被毛，草茎粗壮，高耸直立，茎秆凹凸不平，分枝杂陈。叶片狭长，犬齿饰缘，上有三条离开基部，蜿蜒伸出的粗长叶脉，植物学上叫“离基三出脉”，这是三脉紫菀与同属其他种的区别。它的花期在秋冬，如铜钱般大小的“花”，白“瓣”黄“心”，一束束开在梢端，和野菊花差不多，《植物名实图考》称它为“野白菊花”，一些地方常用来煎洗无名肿痛。开花时节，三脉紫菀下部的叶片全都枯萎脱落，如扫把般矗在那里，花开不断，萧瑟与繁荣在这么一株至为普通的草上融合相谐。

三脉紫菀广布全国，一般喜欢长在稍阴潮湿的地方，适应生长环境能力很强，随着生境的变化，茸毛、叶形、花序排列、花色、总苞形态等特征变异多端，有许多变种和变型，《中国植物志》就列出了卵叶、长毛、微糙、坚叶、毛枝、狭叶等十余种。

陀螺紫菀 | 轮叶排草

陀螺紫菀是紫菀，花苞如陀螺；轮叶排草不是排草，只是模样像，而叶片轮生，两个搭配，倒也说得过去。

陀螺紫菀 *Aster turbinatus* 菊科紫菀属多年生草本

陀螺紫菀在长江以南零星分布，江南的苏州倒是有它的身影。陀螺紫菀有着漂亮的蓝花，头状花序下的总苞是它有别于同属其他种的显著特征。陀螺紫菀的总苞是一个倒过来的狭长圆锥，镶着紫边的淡绿色总苞片鳞次排列，基部的苞叶密密地包裹着长长的花梗，很像陀螺，连带着头状花序也如同我们吃的冷饮——蛋筒冰淇淋。

陀螺紫菀俗称百条根，有着发达的根状茎，密布须根；又叫一枝香，它高茎独立，粗壮毛糙，花序单生，至多也就两三个收拢着簇生在茎端的叶腋，开花时下部叶片枯萎，整个看上去确实像插在地上的一枝香，所以还被称作单头紫菀。

陀螺紫菀

陀螺紫菀

轮叶排草*Lysimachia klattiana* 报春花科珍珠菜属多年生草本

轮叶排草的正名叫轮叶过路黄，最具特点的莫过于它的叶，狭长的叶片没有叶柄，在茎节上一轮一轮着生，顺着草茎一溜儿地层层累叠，茎端密聚，茎下稀疏，因为叶片模样与同属的假排草（*Lysimachia sikokiana*）略似，所以一般称它为轮叶排草。

虽说是“过路黄”，但轮叶过路黄却不过路，它的茎簇生直立，通长尺余，并无分枝，密被着铁锈色柔毛，常常藏在林缘、山坡阴处草丛中。

轮叶排草和过路黄一样，花开在小满时节，大朵大朵的黄花聚集在草茎顶端，花下装饰着那密密的叶轮，茎节上也着生着一朵两朵，初夏时节，走着山路，蓦然见着，苍绿明黄，总不免惊艳于这小草毫不掩饰的张扬。

轮叶排草

轮叶排草

三叶委陵菜 | 九头狮子草

三叶委陵菜确是三张叶的委陵菜，而九头狮子草并不是九个头的狮子草，放在这里配对，似乎有些许“拉郎”之嫌。

三叶委陵菜 *Potentilla freyniana* 蔷薇科委陵菜属多年生草本

委陵菜属的草，在江南最多见的是掌状三出复叶的三叶委陵菜，草茎匍匐，节节生根。三叶委陵菜的小叶长而圆，叶缘密生锯齿，叶脉凹凸有致，根上生出的长大，纤长草茎上的要小得多，幼时嫩绿，老来转红，像一颗颗水滴状的耳坠，甚是好看。

春天是三叶委陵菜花期，花开五瓣，黄瓣黄蕊，一丛丛缀在直立的花茎上。花后结成的果子圆圆的，鲜红鲜红，像个小草莓，散布在葳蕤绿叶中，更是明艳。

三叶委陵菜根发达，结成一团犹如一种菌类——土栗，因此，三叶委陵菜也叫三叶土栗，只是它的根不能食用，只能入药，清热解毒，止痛止血，对金黄色葡萄球菌有抑制作用。

三叶委陵菜

九头狮子草

九头狮子草

Peristrophe japonica

爵床科观音草属多年生草本

《西游记》里，唐僧师徒行至玉华州，遇到了九头狮子，这家伙嘴一张就把个翻天覆地的猴头给叼去了。如此厉害之物竟是眼前如此俏美小花的名字，着实意外。

费解之余，我们不妨先来瞧瞧九头狮子草开花时的模样。清代吴其濬在《植物名实图考》中对此有形象而准确的描述："秋时梢头一节间先发两片绿苞，宛如榆钱，大如指甲，攒簇极密，旋从苞中吐出两瓣粉红花"。这两瓣小巧的粉红花，似乎是从绿色花苞中张开的大口，一个紧挨一个，在每个茎节上密密地围成一圈，如此看来确实有点"九头狮子"的味道。

"五色祥云生足下，九头狮子导前游"，道教里的九头狮子是一尊圣门瑞兽，与《西游记》里的大相径庭。乡间的九头狮子草，祛风清热、凉肝定惊、散瘀解毒，非但能治感冒发热，还能解蛇虫之毒，随手而得，于芸芸众生来讲，无疑也是救命的祥草。

石胡荽 | 瘦风轮

长在石缝里像胡荽的植物叫“石胡荽”，比风轮菜瘦小的风轮菜叫“瘦风轮”，拉来成双，虽然不甚妥帖，但也不显得唐突。

石胡荽 *Centipeda minima* 菊科石胡荽属一年生草本

石胡荽喜欢待在阴湿的石隙砖缝，草茎纤细匍匐，铺散一处，小巧得很。它的叶片前宽后窄，一上一下抱着草茎错开着生，前端稍有锯齿，也像一柄柄小小的三尖两刃刀，古人说这叶片宛如嫩的胡荽叶，因此就叫作了“石胡荽”。人们因着它那纤细的草茎，也把它唤作“鸡肠草”，与繁缕的俗称一样。

石胡荽的叶片辛臭味很重，不堪下咽，就是鹅也不要吃，故而它还有个直截了当的俗名叫“鹅不食”。入药只能研成末子，吸入鼻中，开窍通气，治疗鼻炎，尤其是把粉末塞在鼻子里，据说对去除目翳有特效。石胡荽的头状花序朴素得很，一个个极小的绿球，顶端中心镶着些许紫色，嵌在叶际，因为叶片小而稀疏，所以仅有 3 毫米直径的小花球倒也蛮显眼。

石胡荽

瘦风轮

瘦风轮 *Clinopodium gracile*

唇形科风轮草属多年生草本

瘦风轮的草茎纤细，是从横卧的匍匐茎上长出的，方棱直立，边缘有着锯齿的叶片两叶对生，着生在下面的圆钝，上面的则长尖，叶柄基部染着一点紫红，整株草的个头比风轮菜瘦小，因此通称为瘦风轮，《中国植物志》里的正名叫细风轮菜。

把这种草称作“风轮”，是因为它的花一轮一轮着生在草茎顶端四五层叶片的叶际，白色的花筒，唇口微染淡淡的紫红色，十分细俏。瘦风轮的花期正好是一个夏天，暑日炎炎下，人们望着那一轮轮的小花，想着了驰转的风轮，虽不免望梅止渴，但确是模拟得形象。

紫花地丁 | 乳浆大戟

开紫花的地丁，有乳浆的大戟，地丁取形，大戟依性，把它俩作对还是蛮贴切的。

紫花地丁 *Viola philippica*
堇菜科堇菜属多年生草本

紫花地丁是常见的一种无茎堇菜，叶披针形，花紫色，随着春天的脚步悄然来到，草坪、林下、石头缝里都能见到，灵秀文静，隐约还带着一丁点儿的俏皮，在花天花地的春色里，纯然一副小家儿女的模样，如果有那么一大片，真是酥酥地销魂。“周原膴膴，堇荼如饴”，在《诗经》里，堇是美好记忆中的标志，可见古人对这种花何等的喜爱。

甘美如饴的“堇”，在中国历来是可口的菜疏，明初的《救荒本草》中称为堇堇菜，清热解毒，凉血消肿。《汉书 • 地理志》云：“豫章出黄金，然堇堇物之所成”，“堇堇”即“仅仅”，有“少、小”之意，堇菜高 6~10 厘米，确实是普通植物中的小者。

紫花地丁

紫花地丁

紫花地丁的花虽小，但结构却复杂精致，是典型的虫媒花构造。巧妙搭配的五片花瓣中，下面那片花瓣基部有一个向后延伸的突出，叫作“距”，内有蜜腺，分泌花蜜以吸引昆虫。紫花地丁除了正常开放的花外，还有一类不开放的“闭锁花”，一般在夏季出现。

紫花地丁的两种花都能结果，结果时，叶片会变大许多。紫花地丁的果实像一个小小的甜瓜，春天正常花结的果少，夏天闭锁花结的果多，宿存花柱一长一短，夏果还留有雄蕊残迹。紫花地丁果实成熟时，由下垂而挺立，开裂为 3 瓣种荚，逐渐收缩，将种子弹射到远处，生生不息。

乳浆大戟*Euphorbia esula* 大戟科大戟属多年生草本

乳浆大戟生得十分规整，一秆直上，秆端散作四五分枝，每枝分为二歧，歧再分歧，如此三四，由长而短。秆上之叶如同柳叶模样，两两互生，层层而上，到了秆端围作一轮，衬在那一丛分枝之下。枝上每逢分歧，即生两叶，平展如双鱼合抱，殆至终端，两叶则合拢如蚌，如同累累烛台。每一歧间缀有一花序，像系着的铃铛，口沿五裂，一簇雄花簇拥着高高耸起的雌花，别致得紧，只是很小，要凑近才能看清。正因为如此形状，人们也把乳浆大戟唤作“猫眼草”。

乳浆大戟除了开花的草茎外，还有一类不开花的草茎，称为不育枝，一般长在根部，不高，叶片更细，像松针，和开花枝上的叶片一样，也没有叶柄。

大戟属植物善变，乳浆大戟则是其中的百变能手，遍布全国，却处处不同，叶型、株型大小、是否有不育枝等等随着生境产生各种各样的变异，但是百变不离其宗，直根系、五裂的钟状总苞上有四个腺体、花序无柄等特征还是让他难以遁形。

乳浆大戟

乳浆大戟

叶下珠丨绵枣儿

叶下珠一丢丢圆而红的小果子着生叶下如珠，绵枣儿叶片生在形似大枣而色白的鳞茎上，其名俱是肖形，凑合配了个对，马马虎虎。

叶下珠 *Phyllanthus urinaria* 大戟科叶下珠属一年生草本

立秋时节，徜徉在山上林间，你定会被路旁一种高不盈尺的野草留住目光——羽毛般张开的叶子下面有序地挂满了果子，很是有趣，这就是叶下珠。

那么这些“珠子”怎么会长在叶子下面的呢？这全因叶下珠两两互生的叶子因叶柄扭转而上翻，每根枝条都像一枝展开的羽毛，那些从叶片胳肢窝里钻出的白色小花就只能长在茎叶下面了，花后结的扁圆形小果自然成了“叶下珠”。

仔细瞧瞧这些小果子，还是有模有样的，圆圆的，红红的，表面布满密密的小凸刺，宛如一颗颗迷你版的山楂，惹人喜爱。果熟时，一个个地爆开，把种子四散射出，噼啪作响，似乎在庆贺自己生命的延续。

叶下珠

绵枣儿

绵枣儿 *Barnardia japonica* 百合科绵枣儿属多年生草本

绵枣儿在苏州常见，又叫石枣儿，长在山上石头缝里，有一个像大枣那样的鳞茎，雪白的肉裹着一层褐色的皮，因此被称作了“绵枣”——绵白的枣子。

绵枣儿矮矮的，一丛绿叶像极了苏州人说的“阔背韭菜”，只是如同瓦楞那样拱着。每到 8 月，绵枣儿顶着烁金的烈日，抽出了高高的花葶，淡粉色中揉着些浅紫的小花从下而上，不紧不慢地次第开放，花后，随即结成细小的黑色蒴果，就这样，花果相随，一枝一枝的开到金风送爽，才肯罢休。

绵枣儿的鳞茎味道甜甜的，在旧时是荒年救饥的佳品，只是需经长时间滚煮，煮到熟透才能食用。并且要多次换水，据说，如果不换水煮熟吃了，会引起腹鸣和排气。

绵毛马兜铃 | 苏叶通泉草

寻骨风，结果后也挂着个“马兜铃”，只是比马兜铃多了一身白毛；弹刀子菜叶如紫苏，花像通泉草，人们肖形给取了“绵毛马兜铃”“苏叶通泉草”的名字，如此字义，不把它俩放一起似乎说不过去。

绵毛马兜铃 *Aristolochia mollissima* 马兜铃科马兜铃属木质藤本

寻骨风祛风湿，通经络，专治“骨风”，就是筋骨疼痛，因此得名，又叫“绵毛马兜铃”，它浑身被着白色的长绵毛。

寻骨风的花别致而美丽，长长的花梗，直立着，顶端向下弯曲，好像一根手杖，“手杖”手柄上挂着一个西洋乐器中那弯着的大喇叭般的花朵。那花有着长长的花管，紫白相间，中部遽弯向下，镶着宽而尖的喇叭口，反翘向外，黄底紫芯，有的口瓣上还染着一抹紫晕。

寻骨风的果实和马兜铃相仿，也如同一个挂在马脖子上的铃铛，只是它有六条曲曲弯弯的棱，凸在外面，毛茸茸的，成熟时从顶端自上往下裂开，好像一顶倒挂着的雨伞，散播出一个个卵圆三角形的种子。

绵毛马兜铃

绵毛马兜铃

苏叶通泉草 *Mazus stachydifolius* 玄参科通泉草属多年生草本

弹刀子菜，名字杀气腾腾，全身布满长长的白色柔毛，一看就是粗里粗气的。但这位“粗汉”开出的花却是萌萌的，生来和它们的属长——通泉草很像，都是淡淡的蓝紫色，上唇瓣短到几乎没有，下唇瓣很宽，只是个头大了一圈，中间还有两条纵向贯穿的褶襞隆起，上面排列着围了一圈白边的黄色斑点，比通泉草的多而规则，可能它的名字也是因着这两条褶襞而来的吧。

弹刀子菜基部叶片像一把把汤匙，草茎七倒八歪，茎上叶片从下往上，由对生而转为互生，样子和水苏的叶片有点像，也是长圆而尖，叶缘布满锯齿，只是没有叶柄，抱着草茎。人们把叶片和花配起来，就称弹刀子菜为苏叶通泉草，清热解毒，消炎抗菌，是解蛇毒的良药。

苏叶通泉草

苏叶通泉草

石灰菜 | 灯心草

石灰菜、灯心草也是用了两样物件的名字，而且都有止血愈伤的功用。只不过叫石灰菜的草有好几种，这里说的是“金疮小草”。

石灰菜 *Ajuga decumbens* 唇形科筋骨草属一（二）年生草本

被刀斧等利器所伤，古人称为“金疮”，用以疗伤的药叫“金疮药”，金疮小草就是“主金疮，止血长肌”的金疮药，江南村落田野间低下湿地常见。作为金疮药，金疮小草还能养筋和血、消肿断瘀，对伤筋动骨的硬伤也有佳效，因着它是伏地而生，故而也叫伏地筋骨草。

春天，金疮小草初生时，新叶平铺地面，伸出一条条匍匐茎，茎尖向上挺起，抽出一簇簇轮伞花序，缀满了白色的小花，仅有粒米大小，如同盈盈笑口，舌间吐出点点紫斑，散落在花瓣上，细巧得紧。金疮小草浑身上下被满了长长的白色柔毛，开花时，远远望着，密密的白花、密密的白毛，犹如覆了一层石灰，人们就形象地称呼它为“石灰菜”了。到了夏天，金疮小草枯萎了，因此又有了“白毛夏枯草”的名字。

石灰菜

灯心草

灯心草 *Juncus effusus*

灯心草科灯心草属多年生草本

灯心草长于泽地，茎丛生，细圆而长直，高达 1 米左右，充满白色髓心，以前，人们剥取了这个白瓤做成灯芯，用以燃灯。灯心草也叫席草，江南水乡常栽莳，用来编织草席，当初苏州浒墅关的“关席”大名鼎鼎，也是一种收益较高的经济作物，曾经还出口日本，就是收割时恰逢黄梅天，溽热非凡，很是辛苦。

灯心草也是一味草药，嚼烂后和着唾沫涂在伤口上，包扎后血立止；出鼻血不止，吃一点灯心草的粉末也有用。婴儿夜里哭闹，也只要在母亲乳上涂一点灯心草的灰，囡囡吃了就睡得着了；大人失眠，喝点灯心草煎的汤，同样有效。除了吃，灯心草还有个用处，就是浸了菜油，可以钩出爬到耳朵里的小虫，软软的，不会伤到耳朵。

灯心草开花蛮有趣，春夏之间，在草茎中上段的侧面生出一丛花序，像是剖开了草茎钻出来的一样。开出的小花淡绿色，花后结成的籽实是黄褐色的，与禾草的花、果相仿。

丛枝蓼 | 小根蒜

一个是分枝多的蓼，一个是根细小的蒜，它俩曾是菜蔬，据说，都因着对人不利而见摈于碗箸。

丛枝蓼 *Polygonum posumbu* 蓼科蓼属一年生草本

丛枝蓼喜欢长在水边，草茎纤弱，枝分多条，一条条向外倾倒，也有八仙桌那么高。叶片狭长，靠近基部有个深色的斑纹，叶尖伸出一个小小的尾巴，两面都长着毛。

丛枝蓼也是在夏天开花，直到仲秋，一穗穗花，枝枝丫丫，稀稀落落，嫣嫣的红色，弱弱地垂着，尤其半倾于凌波，更是娇媚得紧，楚楚动人，难怪古人常把蓼拿来咏饰泽国秋容。

现今的蓼都是野生，似乎也没人欣赏，但在魏晋之前，它是一种蔬菜，《齐民要术》还专门详载了“种蓼法”，那些为茹的蓼，当时称为“家蓼”，只是后来渐渐只用作草药了，清代的吴其濬说大概是因为唐朝孙思邈《千金方》“屡著食蓼之害”的缘故吧。

丛枝蓼

丛枝蓼

小根蒜 *Allium macrostemon* 百合科葱属多年生草本

小根蒜就是薤白，长得像细细的韭菜，三五枚叶片一生。地下的小鳞茎上聚集着一些小籽，外黑内白，山上、田野都有，味道辛辣，古代也叫它泽蒜，虽然有毒，但在荒年腌熟了尚可聊解一时之急，入药则通阳散结，行气导滞。

晚春到夏季是薤白的花果期，叶片中心不断抽出花葶，高高地耸出叶丛，顶端开出密密的淡紫小花，一球一球，毛茸茸的，那是因为小花的花柱伸出在外。那花球里还有不少珠芽，这些珠芽常常迫不及待地在空中就发了叶，看上去好像一球紫色中伸出了密密的绿色触须，很有趣。

小根蒜

小根蒜

蓝花参 | 绞股蓝

蓝花参，根如参，开蓝花；绞股蓝，叶似蓝，茎缠绕，据说，它俩入药都有几分人参的效用。

蓝花参 *Wahlenbergia marginata* 桔梗科蓝花参属多年生草本

蓝花参，开蓝花，有着人参般的根，其实，它的根更像细长的胡萝卜，只不过颜色是白的，大约有一虎口那么长，入药治小儿疳积、痰积和高血压等病症。

蓝花参秀气得很，茎分多枝，高高直立，抱茎着生的叶片自下而上由长圆而尖，由密而疏，边缘或呈波状，或有锯齿，折断，有白色乳汁溢出。早春，蓝花参就开花了，花梗细直，有半尺来长，着生着一朵朵蓝色的小花，深裂五瓣，瓣片狭长而尖，白色的花柱高高耸出，明媚灿烂，看着也是一种快乐的野花。

蓝花参

绞股蓝

绞股蓝 *Gynostemma pentaphyllum*

葫芦科绞股蓝属多年生草质攀缘植物

绞股蓝，大伙儿应该都熟悉吧，因为“绞股蓝茶”也曾热闹过一阵，只是在野外遇着它，也只不过是一普通的野草。纤弱的草茎攀蔓缠绕，数片短小软薄的叶子生在一起，两头尖，当中圆宽，张开如禽爪，叶际伸出分叉的卷须。古人觉得这叶片和小蓝的很像，只不过边缘多了些锯齿，绞股蓝就是“蓝叶”着生在交缠股本上的一种草。

绞股蓝株分雌雄，开的花都是一串一串的，淡淡的黄绿色，也有纯白的，结成的果实和乌蔹莓差不多，豌豆般大小，生青熟黑，亮亮的。

龙葵 | 蛇莓

龙葵以性、味得名，蛇莓以效、形得名，殊途同归，字义相谐。

龙葵 *Solanum nigrum* 茄科茄属一年生草本

龙葵是极普见的野草，喜生于田边地头、家前屋后，高秆大叶，直立巍巍，叶片卵形，5、6 月间在茎端叶际生出一束束蝎尾状花序，挂在外面，开小白花，五出黄蕊，花萼反折，也自有一份别致。花后结成正圆的果实，黑得透亮，味道酸酸的，因着果的模样，人们把龙葵叫作“老鸦眼睛草”，活灵活现，也是可以吃的野果，只是不宜多食。

本草书中常说有两种龙葵，还有一种结红果，叫“龙珠”。其实，这种红果的“龙珠”是酸浆属的一种植物，两种草的入药功用相仿，都可散瘀消肿，清热解毒，补益元气，对失眠有一定疗效。

对于龙葵的名字缘来，明朝李时珍说“言其性滑如葵也”，龙葵的嫩苗能作为野菜食用，吃口柔滑。龙葵茎、叶作菜，需要煠去苦味，就是含有的龙葵素，然后洗净，才能食用，否则有毒。

龙葵

龙葵

蛇莓 *Duchesnea indica* 蔷薇科蛇莓属多年生草本

不管向阳，还是背阴，蛇莓都能长成满满一地的盎然绿意，都能绽放出黄花红果的美丽。蛇莓花开初夏，甫秋果成，花果尤其光洁鲜亮，古人赞之为“色至鲜”，说它像铺在地上的锦缎。确实，把蛇莓用在院子里作为地被，很漂亮，有它这么一点缀，苦夏这个闷葫芦似乎就被打破了，多了一份清新的灵动。

蛇莓的果子虽然形似小的草莓，但干而味酸，不堪下咽，只能作为鸟雀、蝼蚁的口粮。用于本草，倒是一味具有“神效”的良药，专治疔疮和蛇虫咬伤，涂敷后“效甚捷而力至猛”，有些地方直呼为“疔疮药”。

蛇莓的名字来历，有人说是因为它能治蛇伤而得名，也有人说是因着它的蔓生特性，如蛇迹相仿而来，这倒从它的一个别名——龙吐珠可以印证，像龙一样蜿蜒，吐出颗颗火珠。

蛇莓

蛇莓

龙牙草 | 虎耳草

龙牙草取自花穗形状，虎耳草得自叶片模样，龙、虎相对，古来恒有。

龙牙草 *Agrimonia pilosa* 蔷薇科龙芽草属多年生草本

龙牙草就是龙芽草，这个名字是得自于它的花穗和果穗。龙芽草的花穗上密密麻麻地开满了五瓣小圆黄花，花后结成的果实像一个个小杯蛋糕，身筒上有 10 条筋肋，毛茸茸的，顶盖上则密布钩刺，古人觉得那样的花、果穗如同蛟龙的满口牙齿，除了这草，有着差不多模样花穗的马鞭草也被叫做龙牙草。

龙芽草单茎独立，茎叶都被有柔毛。叶片大多是五叶、七叶一枝，枝上大叶、小叶一对对间隔着排列，这样的叶片有个名字，叫“间断奇数羽状复叶”，到了草茎端则减为一枝三叶了。龙芽草根系发达，结成一块，底下团团生出许多侧根，向上长有一段根茎，带着数个埋在土下的芽，味道辛涩，性温无毒，是治痢疾的要药，因为它和其他药食没有什么忌克。

龙牙草

虎耳草

虎耳草 *Saxifraga stolonifera*

虎耳草科虎耳草属多年生常绿草本

提起虎耳草，大家并不陌生，绿油油、毛茸茸，恰似“虎耳”，十分招人喜爱，许多人对它情有独钟，譬如，沈从文在《边城》中就不惜笔墨，多次提到了它。

如此说来，这小小的虎耳草定有奥妙所在，让我们先从它的众多别名中来一探究竟。

——金丝荷叶。虎耳草叶片基生，扁圆形，边缘略皱，叶色浓绿，叶脉浅色，如描画丝丝金线的荷叶，故有“金丝荷叶”之称。

——石荷叶。虎耳草性喜阴凉潮湿，在密茂林下多湿的坎壁岩缝间生长尤盛，因此又有了“石荷叶”的名字。

——耳朵红。虎耳草叶片背面红紫色，“耳朵红”形象可见。

——金线吊芙蓉。虎耳草会伸出鞭匐枝，细细的，长长的，枝头又长出一簇“小荷叶”，垂在那里，“金线吊芙蓉”多么诗意。

——雪之下。虎耳草耐酷寒，常在初春白雪未融之际，就从雪下冒出了新叶，雪之下很是贴切。

说罢了虎耳草的“叶”，再来看看它的花。虎耳草的花有 5 枚花瓣，上部的 3 枚白底上洒满紫红色斑点，2 枚下垂的洁白无瑕，居中鹅黄的花盘更增一份俏丽。

低调、坚韧、朴素中透着秀美，不起眼的虎耳草自然能引来一众垂青。

虎掌 | 鳢肠

虎掌拟叶，鳢肠肖茎，鳢即黑鱼，性情凶猛，可称水中猛虎，两两相对，可称相宜。

虎掌 *Pinellia pedatisecta* 天南星科半夏属多年生草本

虎掌是我国的特有种，广布南北，生于林下、山谷或河谷阴湿处。它的块茎扁扁的，“形似半夏，但皆大，四边有子如虎掌”，因此而得名。

虎掌是一味药材，在明朝以前单列一目，自从李时珍《本草纲目》把它归入了“天南星”中后，后人就一直把虎掌作为大型的天南星来入药，“今天南星大者，四边皆有子，采时尽削去”，再没有当作“虎掌”使用的了。

虎掌和天南星属的植物相较，除块茎扁而大，四旁常生若干小球茎外，株型也有较大的区别。宋苏颂《嘉祐图经本草》里描述到，“三四月生苗，高尺余，独茎上有叶如爪，五六出分布，尖而圆，一窠生七八茎”，一株虎掌丛生七八叶，比天南星多。清吴其濬认为，区别虎掌主要得看它的花，《植物名实图考》中说，“惟叶初生相抱如环，开花顶上有长稍寸余为异”。虎掌的佛焰苞淡绿色，更为细长，敞开着大口，檐部直立，天南星的则包卷紧，檐部翻折向下；虎掌的肉穗花序顶端有一个长 10 厘米左右的细线形附属器，高高地挑在上面，而天南星是没有的。天南星们花后一般结成红籽，而虎掌“结实如麻子大，熟即白色”，籽实小而白，没有天南星的那么显眼。

虎掌

鳢肠

鳢肠 *Eclipta prostrata* 菊科鳢肠属一年生草本

鳢肠喜生于湿润之处，路边、田边、塘边及河岸，潮湿的荒地或丢荒的水田中常见，花白色，在 11 月前后开放。

鳢肠，就是黑鱼的肠子。黑鱼外表乌黑，肠子也是黑的。鳢肠草折断揉搓后，有墨汁流出，因此有了这个名字。据说，印度人拿鳢肠的汁液用来纹身和画眉，很有效果。中国人把鳢肠用来固齿乌发，说涂在稀疏的眉发上，能很快长密。

牛繁缕 | 马松子

牛、马，这两种在古代有关国计民生的家畜，常被用来标义“大”，牛繁缕就是长得粗大的繁缕，而马松子则是说它的果实犹如大个的松子。

牛繁缕 *Myosoton aquaticum* 石竹科鹅肠菜属多年生草本

牛繁缕喜欢长在低湿处，正名叫鹅肠菜，繁缕也有个俗名“鹅肠肠”，它俩的草茎中空毛糙，折断后黏黏的丝缕不绝，都像鹅的肠子，只是牛繁缕的不带淡紫红色，而且粗长得多。繁缕的嫩叶是早春可口的野菜，牛繁缕的也能吃，甜甜的，就是比繁缕要宽大一倍，但叶柄却短了许多。

牛繁缕的花和繁缕也差不多，都是在草茎顶端叶际开出一丛丛白花，小白花的花瓣深裂 2 片，同样，牛繁缕的花要比繁缕的“牛”，整个大了一圈，而且花蕊的个数也多了许多，花柱分裂 5 条，而繁缕只有 3 条。

牛繁缕

马松子

马松子*Melochia corchorifolia*
梧桐科马松子属半灌木状草本

马松子，长江以南常见，在炎热的夏天，一团团钟形的淡紫红色小花，顶着烈日怒放，花瓣的基部内侧镶着一圈黄色的边，一簇浅色的花蕊与花瓣两两相对，镶嵌在绿叶中，很好看。花后结成的果子圆球形，有五条棱，欧美人看来像一个个朱古力球，给了一个“corchorifolia”的种名；而在我国古人眼里，却把这个圆圆的球看成了肥大的松子，就唤作了“马松子”。

马松子用处很多，它的茎皮纤维可与黄麻混纺以制麻袋，或者直接用来捆扎东西和修葺屋顶，马松子属的名字“Melochia”就来自于黄麻属的阿拉伯名字“mulukhiyah”。在非洲西南部，马松子的叶子是很受欢迎的一种野菜，营养丰富，据说中国西南的一些地方也常吃。除此之外，马松子的根、叶还是一味治疗癣疮、湿疹的良药，杀菌止痒。

牛膝菊 | 狗尾草

牛膝菊叶片有点像苋科的牛膝，狗尾草则是禾穗和狗尾巴差不多，名字相称得很。

牛膝菊 *Galinsoga parviflora*

菊科牛膝菊属多年生草本

牛膝菊，原产于南美洲，在我国归化至少有百年的历史了，最早在川滇地区发现，适应力很强，发生量大，现在已经成为一种易见的杂草，对农业生产影响较大。

牛膝菊在菊科中属于容易辨识的一种，尽管它的花序很小，但那四五枚白色的舌状花，先端三裂，镶在一球黄色的管状花上，整个看起来，就如同几把萌萌的白色小叉子插在一个新鲜的蛋糕上，很好吃的感觉。

牛膝菊虽是一种入侵性杂草，但它却是一种传统的香料植物，有着特殊的香味，嫩茎叶可炒食、做汤、制成火锅佐料，风味独特。

牛膝菊

狗尾草

狗尾草 *Setaria viridis*

禾本科狗尾草属一年生草本

狗尾草就是大名鼎鼎的“莠”，古来，它的名声一直不咋的。《诗》曰，“维莠骄骄”“维莠桀桀”，狗尾草的籽实常常夹杂在禾粟中，一同播下，随着一同生长，而又长得健壮，往往陵出苗上，所以人见人恶，“恐其乱苗也”，孔夫子就把它用来比作了小人，后来，“良莠不分”成为了一个常说的成语了，“莠”指代了“恶物”。

被视为“恶物”的狗尾草长得倒并不恶，茎叶芊芊，禾穗悠悠，在风中真如小狗的尾巴欢快地摇摆着，人们称之为“狗尾巴花”，踏青之时，采摘数茎，手中轻扬，野趣盎然，如果旷野荒郊少了狗尾草，似乎那点意境就难以诠释了。

狗尾草非但不难看，而且还有大用，狗尾草的茎叶是肥料，籽实可充粮食，烧粥、烧饭，荒年时也是人们赖以活命的一宝。入药专治“偷针眼”和倒睫毛，生了此等目疾，旧时非找它不可，人们奉之为“光明草”，甚或尊之为“阿罗汉草”，只是到了小儿口中成了“阿呼噜噜草”。

五爪龙 | 马兜铃

只因乌蔹莓有个别名“五爪龙”，愣是把它和马兜铃放在一块儿，无非是取了“龙马精神”而已。

五爪龙 *Cayratia japonica*

葡萄科乌蔹莓属多年生草质藤本

乌蔹莓，很常见，《诗经》里有“蔹蔓于野”的诗句，陆玑描摹“蔹”的模样就是现在乌蔹莓的形状，藤蔓柔长，圆而有棱，叶五分如手掌，每隔两叶对生一须，攀附于篱墙之间、矮树丛中，从春到夏，不断开出一簇簇黄心白瓣、如粟米般的小花，结出一串串黑色的“小葡萄”，一直到初冬，草茎上还挂着果，是鸟儿们果腹的佳肴。

乌蔹莓本来有一个直截了当的名字——“五叶莓”，古人觉得它的模样与同为葡萄科的白蔹（*Ampelopsis japonica*）长得像，而草茎是紫绿色的，因此就叫作了乌蔹莓，入药有凉血解毒、利尿消肿的功效。人们还结合了叶、藤，称呼它为“五爪龙”，藤蔓蜿蜒，五叶张扬，确实有点龙游的味道。

乌蔹莓

乌蔹莓

马兜铃 *Aristolochia debilis*

马兜铃科马兜铃属多年生草质藤本

“叶脱时其实尚垂，如马项之铃，故得名也。”这是宋朝《本草衍义》对马兜铃的释义。旧时骑马，需在马项上系一串长球形包口的小铃铛以警行人，马兜铃的果实与这种马铃很像，因此得名。

马兜铃在古书中常写作“马兜零”，说的是这种植物的果子像“兜零”这种器具。古词典《广雅》里说：“兜零，笼也”，是套在高杆上用来放烽火炭薪的网笼。

马兜铃很美丽，藤倩叶秀，它的花犹如一个号角，“号筒”青黄，翻卷的喇叭口紫黑，毛乎乎的，更是别致。马兜铃的根微有香气、略苦，入药叫作“土青木香”，行气止痛、解毒消肿。以前，苏州太湖边香山一带，端午前后，要掘了马兜铃的根，焙干，用来治痧疫，据说效果很好，因此特称它为“痧药草”。

现今的马兜铃虽然也具有古代诸家本草书中所说“马兜铃”的药效，但跟那些相关的记述及图绘都不尽符合，只有把马兜铃作为野菜的《救荒本草》和略具现代植物学意识的《植物名实图考》里的配图与之一致，《植物名实图考》还对此作了相应的解释：“或一种而地产有异耶”。

马兜铃

马兜铃

马兜铃在我国古代本草体系里一直认为是无毒的，现代研究则说马兜铃含马兜铃酸，可引发肾病。但从《救荒本草》的记载来看，可能早在明朝初年，人们对此就有了一定的认识。当时把马兜铃的叶子作为野菜救饥时，需要采取煠的处理方式，就是用水煮熟、浸去苦味淘净后再食用，这是对“毒草”的一种常用加工方法。

鹤草丨黄鹌菜

“鹤”寓长寿，“鹌”谐安泰，历来是吉祥之物，人们常常描摹图容，以祈吉利，不意草中亦有此名，取以谐双，恰也相宜。

鹤草 *Silene fortunei* 石竹科蝇子草属多年生草本

石竹科植物的花大多都很美，鹤草也不例外，高茎纤枝，细长的花萼筒喷散出5片细长的花瓣，瓣梢撕裂，浅敷红晕，纷纷扬扬，花如其名，确实带着几分仙气。鹤草花开一夏，立秋后，它就逐渐敛起了芳容。

为什么叫鹤草，是不是因这种草的花瓣如羽衣相仿而得名，无从查考。但有个别名——“洒线草”，倒是和它那如丝如缕的花瓣十分贴切。鹤草还有个俗名，却与“鹤”字之义相去甚远，那就是“野蚊子草”，这个名字想必也是因着它的花而来，细小而随风乱舞。鹤草的根长而细白，模样和中药沙参差不多，因此也有人直接就叫它沙参，入药能治痢疾、蝮蛇咬伤等疾症。

鹤草

黄鹌菜

黄鹌菜 *Youngia japonica*

菊科黄鹌菜属一年生草本

黄鹌菜一般是一棵一棵长的，田里、山上、草坪间……处处都有，春天刚刚生出的叶片，长长团团，叶脚处羽状开裂，搨着地，有点像小的莴苣叶，也像一把小提琴。随后，那团团一丛叶中窜出花葶，有高有低，有粗有细，低的仅有一指长，高的却有五六岁小孩那么高，顶端枝枝丫丫地开出一蓬小黄花，别看那花细小，它也是包含着 10~20 枚舌状小花的一个头状花序，细细看来，和其他菊花差不多，真所谓具体而微。

黄鹌菜的叶片味道甜甜的，《救荒本草》中说，春天时，采摘了嫩的苗叶，在开水里煮过，换水淘净，用油盐调食，是一种不错的野菜。现在，人们往往是挑了野外的黄鹌菜小苗，煸炒着吃，也是甘甜适口，放点肉丝，更是鲜美。

鸭跖草丨雀舌草

鸭跖草叶片着生如同鸭跖，恰巧有一种叶片像雀舌的“雀舌草”，天成的一双。

鸭跖草 *Commelina communis* 鸭跖草科鸭跖草属一年生草本

9 月初的苏州，暑气仍溽，貌不惊人的鸭跖草悠悠地吐出朵朵小花，明晃晃的蓝色，为山间盈盈浓绿抹上了一缕倩靓，挑逗出一片灵气，作了秋意的先锋。这灵动的小花，无论一枝的恬俏，还是一片的艳烈，都能让人惊艳满满。

鸭跖草生性粗放，匍匐茎节节生根，田间地头、石隙林下、水畔滩头、墙边阶前，随手扔下一段，不多时就会长成一片，曾经是苏州最为普遍的野花之一。鸭跖草茎上生根的节凸起，节上长出的叶平展，“鸭跖”是它形象的描摹；茎尖着生的佛焰苞吐出花朵，翩翩欲舞，“翠蝴蝶”也就成了它的别名。一样地寄名于物，现实与浪漫，情却两般，倒是相映成趣。

鸭跖草

雀舌草*Stellaria alsine*石竹科繁缕属二年生草本

雀舌草广布全国，喜欢长在田间河边潮湿的地方，茎赤而韧，铺散在地，往上长的又生出许多分枝，总之是乱糟糟的一大蓬。雀舌草有个别名叫“天蓬草”，这大约是古人摹形而名，不知与佛、道两家的“天蓬”或者讨人喜欢的八戒是否有关。

雀舌草的叶片像雀舌，那么雀舌是如何样子的呢？鸟雀的舌头约摸是狭长而尖，边缘微波起伏，个头也是小小的。雀舌草开花在春季，花如小白菊，三五朵聚在茎端，也有开在叶际的，花梗细长、花瓣短阔，每一枚都是深深地一分为二，长度还没有花萼长，瓣、萼五片，绿白相间，加上中心五点黄蕊，一簇白茸，真是精巧得极。

雀舌草

老鸦瓣 | 野老鹳草

老鸦瓣是土著，野老鹳草是移民，而且分属两个不同的科，本来无涉，只是因着名字中的老鸦、老鹳，才拉过来放一块儿了。

老鸦瓣 *Amana edulis* 百合科老鸦瓣属多年生草本

一过春节，老鸦瓣就要开了，它是春天最早绽放的野花之一。

以前，植物分类把老鸦瓣归于百合科郁金香属，有人也把老鸦瓣叫作“野郁金香”。老鸦瓣只有两片细长的叶子，两叶之间，抽葶开六瓣尖白花，背淡紫，绿心黄蕊，地下有蒜瓣大小的鳞茎。仔细看，花茎上还有两片“短叶”，那是苞片。

老鸦瓣美，朴素而随性，在阳光充足的山林间、草丛里你都能发现它的身影。若不见阳光，它那素美的花朵始终闭合，不肯绽放。每当授粉成功后，它直挺的花葶就伏向地面，植株入夏即枯。

老鸦瓣是药材，富含秋水仙素，长得和野葱很像，切不可误食，因为秋水仙素毒性很强。

老鸦瓣

老鸦瓣

野老鹳草 *Geranium carolinianum* 牻牛儿苗科老鹳草属一年生草本

野老鹳草的家乡在北美洲，曾几何时来到了我国，成为长江以南一种习见的野草。野老鹳草最具特色的是它的果实，花谢后，花柱残留在果实上，随着果实的膨大，花柱也慢慢伸长，成了果喙，“甚尖锐为细锥子状”，人们看来和老鹳鸟的长喙一模一样，名字也因此而来。结出这奇特果实的花，却是细巧淡雅，粉紫色的花冠深深地五裂，每一枚裂片上纹着三条细线，精神地开张着，淡黄色的花蕊围着淡黄色的花柱镶嵌其中，更是俏丽。

野老鹳果实未成熟时色绿而密聚，十余个“鸟喙”团团矗立，宿存的 5 片花萼抱着一个个果实，浑如皇冠模样。那时节，尚有一朵、两朵迟到的花，姗姗在后，缀在那顶“皇冠”边上，堂皇顿时化作了乡俗。果实成熟后黑色，果喙、苞片染上了红晕，此时，那片片团团掌裂的叶子也是飞金揉红，很是好看。渐渐地，那果喙分成 5 裂，从下向上卷曲，把 5 粒种子弹出种荚，美丽的生命重启了新程。

野老鹳草

野老鹳草

老鼠拉冬瓜 | 长柄山蚂蝗

一个结的果像小冬瓜，一个结的果像山蚂蝗，“老鼠拉”“长柄”都是肖形的词儿，放在一起，倒也般配。

老鼠拉冬瓜 *Zehneria japonica* 葫芦科马㼎儿属多年生草本

随着炎热渐渐退去，老鼠们闲不住了，拉着一个个“小冬瓜”挂上了东绊西绊细细的青藤上，人们瞧着可爱，就把这种藤蔓植物叫了“老鼠拉冬瓜”。刚才，是跟大家开了个玩笑，其实“老鼠拉”是闽粤间的土语，意思是“很小的样子”，老鼠拉冬瓜就是“很小的冬瓜”。

老鼠拉冬瓜纤细秀丽——茎柔、叶薄、果小，田间地头、林下水边，都能见到它，枝藤缠挂在丛丛灌木间，随风飘荡，整个柔柔的，十分招人喜爱。

老鼠拉冬瓜的花分雌、雄，长在同一个叶腋内，夏天开放，白色，只有小指甲瓣那么大。它的根会间隔着，一段一段膨大成大小相同的块根，形成一串，因此也有人说老鼠拉的就是这个“冬瓜”。

老鼠拉冬瓜

长柄山蚂蝗

长柄山蚂蝗 *Hylodesmum podocarpum*

豆科山蚂蝗属多年生草本

长柄山蚂蝗，很是高大，直立的草茎上一柄三叶，叶柄很长，与大豆的叶片很像，也是毛茸茸的。酷暑刚过，长柄山蚂蝗就开花了，长长的花穗坚挺有力，花茎上一朵朵紫红色的小花疏落有致，如同张开的唐老鸭的嘴，一对对欢快地排列着。

“山蚂蝗”这个名字得自它的果实，长长的，一节一节偏在一边，串在一条贯通的弯曲背缝线上，很像扭动的山蚂蝗。长柄山蚂蝗的果实也是这个样子，只不过仅仅有两节，像个嘉兴南湖出产的乌菱，果荚上还洒着一些紫斑，花果俱美。

如意草 | 愉悦蓼

事事如意，总是满心愉悦，如意草相对愉悦蓼，恐怕没有比这再妥帖的“草对”了吧。

如意草 *Viola arcuata* 堇菜科堇菜属多年生草本

堇菜属的植物大体上可分为两类：一是从根上直接长出叶子开花的无茎种类，紫花地丁、犁头草都是；一是先长茎，茎上再开花的有茎种类，有茎类的堇菜在江南不多见，如意草就是一种。

如意草的地上茎有向上长的，也有匍匐生的，都有三四十厘米长。叶片圆圆的心形，着生在长长的叶柄上，草茎上像支满了一把把如意。如意草的花都生在叶际，花期很长，白底上敷着浅浅的紫色，居中的一枚花瓣布满紫色条纹，深浅掺杂，洋溢着淡淡的清香，素雅怡人。

如意草

如意草

愉悦蓼 *Polygonum jucundum* 蓼科蓼属一年生草本

这种以“愉悦”为名的蓼草，花开时节，一大片七倒八歪的粉色尾巴，高高地举着，随风翻滚，一副欢快的模样，在夏末的余热中宣泄着热烈，人们看了，同样也觉得很欢快，愉悦蓼似乎是秋天为夏天践行而安排的一支欢舞。

仔细瞧一下这个蓼科的小美人，确实俏美。草茎纤细、叶片狭长，茎是紫红的，叶片是翠绿的，只是叶面缺了个红印，但这并不碍着它的俏。小花打苞时是一串玫红色的珠米；怒放时，则变身为一穗梦幻的粉色，敷在紫红色的草茎上，有时顶端还留着一段深色的小辫子，俏得让人见了，一时目光难挪。

愉悦蓼

愉悦蓼

梓木草 | 泥胡菜

两种郊野常见的草，一名“梓木”，一名“泥胡”，只是梓木草匍地蔓茎，而泥胡菜高耸直立，名实有异，相对一处却也有趣。

梓木草 *Lithospermum zollingeri* 紫草科紫草属多年生草本

梓木草生长在山坡上、山路旁，长茎拖蔓，狭长的叶子两两互生，都是毛茸茸的。晚春初夏，梓木草竖起的花茎上开出了两三朵亮蓝色的五星花，沿着五裂的花冠，中央生出五条白色星光状隆起，带着荧光，在日本人眼里，这花似乎是镶嵌在绿叶中的颗颗琉璃。花盛之时，又恰逢萤火虫飞舞之际，这颗颗琉璃上的白色隆起与萦绕叶丛中的闪闪萤火交相辉映，浑然一体，因此，在日本梓木草的名字叫萤葛。花后，梓木草又从根上萌发出不开花的草茎，这些草茎上发出的新根明年春天再生出新的草株，老的草根也随之枯萎。

梓木草的雄蕊隐藏在那些白色隆起之下，花后结成的小坚果斜卵球形，乳白色，平滑光亮，腹面中线凹陷呈纵沟，看上去像个迷你桃子，因此入药把它叫作“地仙桃”，温中健胃，消肿止痛。

梓木草

泥胡菜

泥胡菜 *Hemistepta lyrata*

菊科泥胡菜属一年生草本

泥胡菜虽然草茎纤细，但单茎独立却可高达人的腰际，上面分出许多长长的枝条，一点也不“泥胡”。早春，泥胡菜贴地发出一丛长长的、像羽毛一样的叶片，从里向外排列成一轮一轮的同心圆，规则有致。泥胡菜的叶片面绿背白，背面还长着一层厚厚的茸毛，腻腻的，味道辣，荒年时煠熟淘净后能作为野菜食用，或许，泥胡菜之名就是因此而来。

发叶不久，那整齐的叶轮中心抽出草茎，枝叉地开出了许多紫色的花朵，高三角形的苞片层层排列，尖端微红，拼成了一个底宽口窄的“花瓶”，那些紫色的小花，从瓶口满满地溢出，披散下来，一个个高高低低地直列在那里，精神抖擞，很是好看。

沙参 | 泽漆

沙参，长在沙地的“参”；泽漆，出在水泽的“漆”。实际，它俩只不过一是根效类参，一是浆汁似漆，与参、漆相去甚远。

沙参 *Adenophora stricta* 桔梗科沙参属多年生草本

沙参，与人参、玄参、丹参、苦参并称五参，虽然形态不尽相同，但它们的根入药主疗类同，故而都有“参”名。

生长在沙地中的沙参，根粗长，特别好，故而名之“沙”。沙参的根外黄内白，有乳汁，入药补中，益肺气，是久服利人的滋补佳品；煮去苦味后，也是一味救荒的野菜。旧时，一些药商常把沙参冒充人参，只是质松、味淡、体短，还是容易识别的。

沙参早春生苗，初生叶很大，有着长长的叶柄，团扁而毛糙。到了秋天，抽出高高的草茎，茎上的叶片没有叶柄，尖长如枸杞的叶子，只是稍大，还生有细密的锯齿，深深浅浅，很不整齐，折断茎、叶，都有白色乳汁溢出。随后，叶际开出五瓣小紫花，长长的白色花柱微露其外，草茎上如同挂满了一个个铃铛，金风飒爽，真似有叮当盈耳。

沙参

泽漆

泽漆 *Euphorbia helioscopia*
大戟科大戟属一年生草本

泽漆，生在田间、荒野、山坡、水边低泽之处，摘叶折茎，有白色乳浆溢出，如同大漆，也能像漆一样“咄人”，故而名之为“泽漆”。

泽漆在冬意尚存的初春生苗，数枝成丛，草茎柔软，圆圆的叶片黄绿色，很像猫的眼睛。茎头中分五叶，每叶生一小茎，像撑起了一把小伞。每枝小茎尖开出青绿色的小花一捧，复有小叶衬托其下，齐整如一，从春到秋，开了一茬又一茬。因此，泽漆有着“猫儿眼”、“五凤草”及“绿叶绿花草”等别名。

泽漆从早春采苗到初夏、晚秋收籽，全草入药，熬制膏药后，“敷百疾，皆效”，功效普惠，古人称赞它“花叶俱绿，不处污秽，生先众草，收共来牟，虽赋性非纯，而饰貌殊雅”，认为泽漆生相规整，草色雅致，发苗比其他草早，收籽又先后与麦、稻收成同时，虽则药性杂，但不失也是一种秉性高洁的雅草。

南苜蓿 | 浙贝母

生于江南的苜蓿，产在浙江的贝母，正好相对成双。

南苜蓿 *Medicago polymorpha* 豆科苜蓿属一（二）年生草本

南苜蓿，在江南是一种美味的蔬菜，清煸，撒点烧酒，喷喷香；烧蚌肉，那是鲜得眉毛也要褪掉，上海称“草头”，到了苏州叫“金花菜”，一直从过年吃到初夏，颇受欢迎。扑克牌里的梅花花色在沪、苏一带以前也叫“金菜”，就是“金花菜”的缩略语，三瓣叶，圆圆的，确实蛮像的。江南除了吃新鲜的金花菜，还欢喜腌了当小吃，以前乡农沿街叫卖“腌金花菜、黄连头”也是大上海马路上的一景，黄连头是腌制的黄连树嫩芽。

南苜蓿一枝三叶，叶圆有齿，春时丛生田陇，茎卧地上。渐老，则开小黄花，其形似蝶，十余朵团团一簇。花后结荚，荚果作盘形，螺旋而上，四周有刺，中有微子，形似肾脏，随荚落地。南苜蓿还有两个近似种，一个果实螺旋圈数少而且刺软，最为常见；一个果实没有刺，比较少见。在古代本草书中，南苜蓿称为野苜蓿，常与来自西域的紫苜蓿混淆，李时珍更是把两者拼装在一起。古时还有一种“家苜蓿”，那就是豆科黄耆属的紫云英，主要是做绿肥和猪饲，也可当蔬菜食用。

南苜蓿

南苜蓿及其果实

浙贝母 *Fritillaria thunbergii* 百合科贝母属多年生草本

知道贝母，大都因为咳嗽了吃川贝枇杷膏。川贝，是四川一带出产的川贝母的干燥鳞茎，“川者味甘最佳”，古人认为是贝母类草药中药效最好的一种。苏南到浙北一带也出贝母，名字叫浙贝母，与川贝母相比，株高、叶窄，花多、大而色纯，鳞茎肥厚。

在苏州，浙贝母仅见于穹窿山，零零星星分布在林下，如韭的叶片微微卷曲，淡黄色的花朵，内衬着细致的紫色网格，颔首低垂，含蓄、秀气而讲究，是位不折不扣的“素美人”，亭亭玉立。

浙贝母的干燥鳞茎入药名为“浙贝”，因个头比川贝大，也称“大贝”；又以象山产者最佳，还被叫作“象贝”，主治风火痰嗽，而虚寒咳嗽则以川贝为宜。浙贝母的花也是一味中药，最有用的是花蕊，因此，采摘花朵时要注意连带着花蕊。

浙贝母

浙贝母

这种植物被叫作“贝母”是缘于其鳞茎的鳞片像聚在一起的贝壳，整个鳞茎如同产出小贝的大贝，因此，古人又给了它们一个“贝父”的称呼。贝母在古时还有一个名字——莔，巧得很，这个包含着现在网络上被赋予“萌”义的字，倒确实念作“萌”。

名字叫贝母的药材，除了百合科贝母属植物干燥鳞茎外，还有一些其他植物的干燥块根、球根也被称为贝母，贝母在古代就和堇菜一样，是一笔糊涂账，就连以精准著称的《植物名实图考》同样莫衷一是。古时记载“花叶似韭”的，就是百合科的贝母；称“叶似大蒜”的似乎是百合科的独蒜兰，现在云南还把独蒜兰的假鳞茎称为土贝母；似荞麦叶的应该是天南星科的犁头尖，譬如，人们把高山犁头尖就直呼为贝母；“其叶如栝楼而细小”的无疑是葫芦科的假贝母。

华东唐松草 | 波斯婆婆纳

唐松草又称马尾连，华东对波斯，马尾连配婆婆纳，恰到好处。

华东唐松草 *Thalictrum fortunei* 毛茛科唐松草属多年生草本

华东唐松草分布于江西北部、安徽南部、江苏南部和浙江。每年春季，山林下的华东唐松草如期开放，隐约泛着缕缕绢华的绿叶衬着淡雅的堇色花朵，随风摇曳在斑驳光影中，纤秀玉立，一颦一笑应着声声幽山鸟鸣，所谓的"侘寂"之美庶几如此。

华东唐松草地下有着长长的黄色须根，末端略略膨大，清热解毒，药用名叫大叶马尾连。马尾连，即马尾黄连，是中药名，也是现代植物学东渐以前唐松草在中国的名字，因为唐松草属不少植物的根和根茎，色、效如黄连，形同马尾。

唐松草，这个名字来自日本。其花朵一般花瓣退化，仅有萼片留存，簇生在一起的雄蕊像极落叶松的叶子，日本的落叶松是由中国引种，称为"唐松"，因此马尾连在日本就被称为唐松草，也叫落叶松草。

华东唐松草

华东唐松草

波斯婆婆纳 *Veronica persica* 玄参科婆婆纳属一（二）年生草本

波斯婆婆纳原产西亚，又称阿拉伯婆婆纳。1825 年，它出现在了英国。首次在原生地外亮相后，波斯婆婆纳很快就扩张到了世界各地，成为了全球广布种。波斯婆婆纳大约在 20 世纪初进入了中国，随后快速传播，遍布全国，长江以南尤为多见。

波斯婆婆纳虽然是入侵物种，却不像加拿大一枝黄花那样身被恶名，这大概是因为它恬静而美丽的缘故吧。初春时节，匍匐在荒地上、草坪上……开出一朵朵嵌着深色条纹的蓝色小花，花蕊巧妙地搭配，犹如一对情人在烛光下互订鸳盟，点缀出了一派浪漫的灵动，人们对着如此精致、优雅的小花，想来“入侵”两字终是不忍出口的吧。

波斯婆婆纳

波斯婆婆纳

苏州荠苎 | 海州香薷

荠苎、香薷都是香草，很巧，苏州、海州都在江苏，真是天造地设。海州就是现在的连云港市。

苏州荠苎 *Mosla soochowensis* 唇形科石荠苎属一年生草本

苏州荠苎，因在江苏苏州采集的模式标本，故而得名，以苏州命名的植物也仅此一种。说来也巧，“上有天堂，下有苏杭”，叫啥还有一种以杭州命名的荠苎，叫杭州石荠苎（*Mosla hangchowensis*）。

苏州荠苎，产江苏、浙江、安徽及江西东部，分布区域比同属的石荠苎要狭窄得多。苏州荠苎与石荠苎相比，同样方茎、对叶、多毛，只是要矮小细气，生长高度只有石荠苎一半左右，叶片更为狭长，叶面腺点也少得多，叶背的颜色倒比石荠苎略深。苏州荠苎的花期 7~10 月，比石荠苎晚，而且短，花紫色、果黑褐色，相比石荠苎颜色深、个头小。石荠苎连根叶捣汁，味如香油，人们称它“鬼香油”，苏州荠苎也是如此，只是叫作了“天香油”。

苏州荠苎

海州香薷

海州香薷 *Elsholtzia splendens*

唇形科香薷属一年生草本

本草中的香薷是一味治疗霍乱、腹痛、吐下、中暑等的必备药，海州香薷入药也是其中的一种。

海州香薷与香薷都是常见的野草，高高直立，分枝劲直张开，只是海州香薷分枝在基部，而香薷则在中上部。它俩的草秆都是方的，海州香薷是脏兮兮的黄色，没有香薷的麦秆黄色好看，老时都会变紫色。它们的叶片形状差不多，海州香薷的比香薷的小一圈，都被有纤毛，沿着叶脉密布腺点，揉碎后有一股清洌的香味。

香薷的花期是夏秋两季，比海州香薷的早，海州香薷开花在仲秋到初冬。它俩的穗状花序都是生在茎端，海州香薷的比香薷的长，四五十朵小花都是偏在一侧。花丝伸出在花冠外面，海州香薷的花柱又伸在了花丝外面，看着像一把把刷子，只不过海州香薷是玫瑰红紫色的，而香薷是淡紫色的。

云台南星 | 北美车前

云台南星和北美车前也都是以地方冠名的野草，本来北美车前没有被纳入“脚边的美丽”，因着云台南星缺了个伴，才想起了拿它来应付一下。

云台南星 *Arisaema silvestrii* 天南星科天南星属多年生草本

云台南星的模式标本产自江苏连云港的云台山，因此，《江苏植物志》里把它称为江苏天南星，是我国的特有植物。

云台南星喜欢生长在山间竹林、灌丛中，早春时节，地下的块茎冒出了 2 张叶片，分裂成 7~9 片，像两个鸟足举在空中。到了四五月间，两片叶中伸出了一个淡淡绿色的佛焰苞，细细的，包卷得很紧，宽大的檐部翻盖在露出一截的肉穗花序上，锐尖的檐头微微昂起，点点光斑洒落其上，清新秀逸，透着一股灵气。秋后，叶子枯萎，一丛绿色化作了一簇累累红籽，那样的浓烈，掩映在草丛，往往能给人一份意外的惊艳。

云台南星

云台南星

云台南星也是近代药用天南星的一种原植物，外用消炎解毒，炙后内服治肺痈咳嗽。中药天南星的原植物在各地各不相同，包括了天南星属、犁头尖属、半夏属的 20 余种植物，明朝的海南诗人王佐诗云："君看天南星，处处入本草。夫何生海南，而能济饥饱？"这首诗不仅反映了明代本草中天南星药材的原植物已经繁复得很，而且还体现了当时把能当粮食的蒟蒻，就是魔芋也误认为是天南星，这可能是因为李时珍的《本草纲目》误将和蒟蒻相类的半夏属的虎掌（*Pinellia pedatisecta*）归入了天南星中，而蒟蒻和虎掌形似。虎掌和天南星混在一起这事，一直到了清代吴其濬的《植物名实图考》才重新有了区分，书中记录了两条天南星，前一条混同说了药材天南星的一众原植物，其中延续了李时珍的有关说法；后一条则点明了"天南星，即虎掌"，对虎掌进行了单独描述。

北美车前 *Plantago virginica*

车前科车前属一（二）年生草本

北美车前原产美洲，60 余年前已经在中国安了家，后来逐渐成为了长江以南的多见杂草。叶片和车前一样贴地而生，像一个莲座，毛茸茸的，只是又长又窄，叶柄却很短，只有车前的三分之一左右。

北美车前与车前同期开花，但花、果期要短得多，在 7 月前就结束了。北美车前抽出的花茎也比车前少，花序短而粗，淡黄色，干了以后成褐色，和叶片一样毛茸茸的，车前的花序则是青色的，也没有茸毛。

北美车前在野外常是一堆堆地生长，没开花时，几乎没人会注意到它，花开时节，那一条条的小尾巴竖在那里，虽则色不惊人，倒也精神抖擞，看着粗狂而热闹。

北美车前

北美车前

铁苋菜 | 野大豆

铁苋菜虽名“苋菜”，但和蔬菜中的苋菜不搭界；野大豆就是野生的大豆，大豆由它驯化而来。

铁苋菜 *Acalypha australis* 大戟科铁苋菜属一年生草本

铁苋菜花分雌雄，同生一序，雄花穗状，极短，着生在雌花上部，长在叶腋之下。铁苋菜的雌花一般有 3 朵，聚在叶状苞片基部，那些苞片对合如蚌，结成果实后，真如一个个含着珍珠的玉蚌，因此，铁苋菜有个别名叫“海蚌含珠”。

相对于“海蚌含珠”这个雅美的名字，铁苋菜还有个极俗的别称，叫做“老牛涎涎”，就是牛口水的意思。这是因为铁苋菜在田地里常见，长得又不高，老牛低着头在田里辛苦劳作时，牛嘴常会碰到铁苋菜，在草上留下一滩口水，农民们随口这么一唤，“老牛涎涎”的草名就这么来了。

铁苋菜的叶片很像苋科的苋菜。苋菜有一种红色的，人们叫它“铁苋菜”，凑巧，大戟科铁苋菜的名字由来也是因着“红”，它的雄花穗是铁锈红色的，而苋菜的花穗是绿白色的，故而这种像苋菜的草就也被叫作“铁苋菜”了。

铁苋菜

野大豆

野大豆 *Glycine soja* 豆科大豆属一年生缠绕草本

野大豆从不择地，处处有之，纤茎蔓地，攀附草木，浑身裹着黄褐色的毛，而大豆一般直立，并不攀蔓。野大豆的叶片和大豆一样，也是一枝三叶，两叶平展，一叶中立，只是狭长而端尖，没有大豆那样宽大。与大豆的花相比，野大豆的花序短、花小，形状、颜色差不多，都是有紫、有白的。野大豆结的果子也是毛豆，秕小得很，只有两三颗小豆子。

我国古代称野大豆为茬菽，也叫“戎菽”，乡间则名之“捞豆”，原出在东北一带，它的豆子可煮食、磨面，或者打饼蒸食，是一种主要的粮食，日常能贴补口粮，荒年更是活命的凭藉，因此渐渐地就遍布了全国，算来已有 5000 余年历史了。

野大豆除了作为粮食，也是家畜喜食的饲料，豆子尚可榨油，茎皮能炼麻，全草还是一味补气血的草药，可谓全身是宝，功用宽溥。

野芝麻丨野茼蒿

野芝麻不是野生的芝麻，只是气味与芝麻相类；野茼蒿也不是野生的茼蒿，并且相去甚远，不知何以名此。

野芝麻 *Lamium barbatum* 唇形科野芝麻属多年生草本

野芝麻并不是野生的芝麻，它们俩是不搭界的两种植物，只是野芝麻的茎、叶有一股芝麻味，也和芝麻那样绕节开白花，又是在野地常见，因此才被叫作“野芝麻”。

野芝麻一丛丛着生，方茎四棱，茎紫棱青，叶片团而尖，边缘有齿锯，对节而生，一节两叶，面绿背淡，密被短硬毛，摸着有点触手。晚春时节，茎节上团团开花，花朵白色，偶有黄晕微染，一朵朵高高矗立，上瓣向下覆盖，如同灶头上的水勺；下瓣基部紧收，瓣端舒放，圆小双歧，两旁短缺，上面布有对称有致的咖啡色斑纹。扁平的雄蕊花丝彼此粘连，连带着丝状的花柱，随着上瓣弯曲，像个抵着上颚的舌头。花萼一丝丝尖尖的，像针一样攒簇在花朵上。从上往下看，在节间排成一圈的野芝麻花宛如旧时儿童玩具转铃仿佛，真有随手一拉转，飞驰叮当之感。

野芝麻

野芝麻

野茼蒿 *Crassocephalum crepidioides*

菊科野茼蒿属多年生草本

据《中国植物志》记录，江苏并没有野茼蒿分布，可是在苏州却见到了它，植物的扩逸还是捉摸不透的。野茼蒿虽然名叫茼蒿，但和我们常吃的蔬菜茼蒿不在一个属，长得也相差甚远，野茼蒿方茎直立，四棱凸起，叶片长圆而尖，并不是茼蒿那样的羽裂模样。只不过野茼蒿也是一味野蔬，它的嫩叶味道鲜美，人们在品尝之余，未免遗憾地称呼野茼蒿为“草命菜”，虽是美味，但却落在了莽野之中。野茼蒿在湖广、岭南、云贵等地多见，抗战时期，这些地方的革命队伍常用它来充饥，因此就把它唤作了“革命菜”。

野茼蒿夏季初花，一直到深秋，还会稀稀拉拉地开出几朵，也叫“一点红”。花开之时，五六个头状花序垂在茎端，长长的绿色总苞基部鼓起，前端舔出一圈红蕊，东一丛，西一簇，如同挂满了绿红镶色的绒线球，时或镶嵌着一个、两个缀满了白色冠毛的果球，颜色俏得很，虽红艳却不浓烈，流火烁金时见着静静的；秋风萧瑟时遇着，不免暖暖的。

野茼蒿

野茼蒿

半夏 | 苘麻

半夏采根需待夏过一半，苘麻获利必须连种一顷，物之致用，必有时、地之宜，量、质之规。

半夏 *Pinellia ternata* 天南星科半夏属多年生草本

半夏露，是曾经用得最多的咳嗽药水，半夏主伤寒寒热，治疗咽喉肿痛和咳嗽有佳效，只是半夏有毒，需经处理后才能服用。半夏“生令人吐，熟令人下”，非但能治疗咳嗽，古人还常用来施救由自缢、墙壁压、溺水、厌魅及产乳造成的气绝之人。《礼记·月令》，“仲夏之月”，“半夏生，木堇荣”，夏天过了一半，就可采挖半夏的块茎用来制药了，故而这种草就叫半夏。

吴其濬在《植物名实图考》半夏条中说，半夏都是一茎三叶，而老的本草图却是一茎一叶，像茨菇叶，与川贝母的叶子也一样，难道是“互相舛误”或者一药而两物？其实，还是古人观察不周造成的困惑，半夏块根一般生 1~2 叶，幼叶就像茨菇那样的戟形，待等长大，叶片变成了三全裂，就是吴其濬所说的“一茎三叶”。

半夏的佛焰苞细长碧绿，包裹紧致，檐部微微前倾，肉穗花序附属器高挑其外，由青渐紫，古人觉得那个附属器“上翘似蝎尾”，因此把半夏也叫作“蝎子草”，还因此说“凡蝎螫，以根傅之能止痛”，虽有附会之嫌，但半夏生用确实是能消疖肿。

半夏

苘麻

苘麻 *Abutilon theophrasti*

锦葵科苘麻属一年生亚灌木状草本

苘麻高达 1~2 米，全身被毛，叶片大似桐叶，圆圆的带了个尖突，处处有之，多生卑湿处。以前，北方人种了用来取麻绩布及打绳索，种起来，必然大片连顷，因此苘麻又叫“萯”。苘麻还有个用处，折一段茎秆，蘸了硫黄粉末，点火很快，是焠灯火的好材料，焠灯火是中医的一种以火炙穴的方法，故而苘麻还叫“䔛”。

大热天，苘麻开花了，花是黄色，亮亮的，花后结成蒴果，如同半个磨盘，有一个个尖齿，嫩青老黑，俗称“苘馒头”。江南乡间，逢年过节、婚嫁添丁时都要做团子，团子顶上要敲一个红印，以示吉利。敲这个印的图章，就地取材，用的就是“苘馒头”，敲出来“宝相花”的模样，真真吉祥得很。

“苘馒头”里的籽是救饥的野菜，只是味道苦，嫩时生吃还好，熟了只能浸去苦味后晒干磨粉，做面食用。

车前草 | 犁头草

车前草，车前当道；犁头草，犁头触及，两草俱以生处为名，以名晓义，明白得紧。

车前草 *Plantago asiatica* 车前科车前属一（二）年生草本

车前草

车前草，好生道旁，处处有之，故而有“车前”“当道”之名。古代用车多以马拉，因此车前草又被称为“马舄”“胜舄”，舄为足，胜是当，就是说，车前草常被马蹋车碾。古人经过观察，发现车前草喜欢长在牛的脚印上，也就把它唤作了“牛遗”，似乎是牛走过遗留下来的模样。《本草纲目》说，蛤蟆常藏其下，所以在长江以南把车前草还叫作“蛤蟆衣”。

初春，车前草贴着地面发出了新叶，叶片像一把把汤匙。到了5月份，那一丛叶片中就抽出了一枝枝花穗，小花细碎，青色微赤，花后结成赤黑色的细籽，称为“车前子”，是利小便、疗泻精的良药。秋后，车前草还能开一次花。车前草的花茎在江南也是儿童们的玩具，小伙伴们各自采折数枝，互相拉扯，以为斗草之戏，因此苏州等地俗称其为“打官司草”。

车前草的嫩苗煠熟后，用水浸去浆汁，凉拌、蘸酱、炒食、入馅、做汤都可以，是一味可口的野菜，古代称为“车轮菜”。

犁头草

犁头草 *Viola inconspicua*

堇菜科堇菜属多年生草本

吴其濬《植物名实图考》说“犁头草，即堇堇菜”，那时的犁头草也是堇菜属植物的泛称，常见堇菜属植物的叶片总是尖尖的三角形样子，和耕地用的农具犁差不多，犁头草的名字因形而生。堇菜生于田间，耕田时犁头所至，常常触及，把堇菜叫作犁头草也可能是因此而来。

《中国植物志》把犁头草定为了长萼堇菜的别名，顾名思义，这种堇菜的花萼特别长，萼片基部的附属物伸长有 3 毫米之多，总长度可达 1 厘米左右，包裹着小小的花朵，很显眼。

犁头草的叶片三角形，或尖长，或矮圆，有的还会呈戟形，只是叶片基部都是宽心形，弯缺宽而圆，不像紫花地丁那样直直的平截，形态多变是堇菜属植物的一大特点。犁头草的花也是淡雅而美丽，浅浅的紫色，镶着深色的条纹，常常隐在叶丛中，难得有一两朵稍稍探出，总之，也是春天山野中的一份小精灵。

阴行草 | 过路黄

"阴行"相谐于"过路"，只是"阴行"讹自"茵陈"。

阴行草 *Siphonostegia chinensis* 玄参科阴行草属一年生草本

阴行草长得很高，全身毛茸茸，缺水时，绿色的草秆变为褐黑色。分枝都在上部，枝上叶片也是集中在前端，两两对生，密密麻麻的，下部的早就枯萎了，常常像倒立的扫帚那样蹴在那里。阴行草虽然高高大大的，但它的根系不发达，着土很浅，主根很短很细，稍一伸长就化为一丛粗细不同的侧根，水平展开，铺延也只不过一指长，好在阴行草全身都是中空的，轻得很。

阴行草开花在 6~8 月，花苞如同一个个小罐子，因着主要疗效和茵陈相同，南方就把它叫作"金钟茵陈"，入药用时，形象而易晓。花是黄色，有点像豆花，它的上唇瓣平伸而弓曲，前端直截截地向下倒钩，里面敷着一层紫红色，如同鹰喙，细瞧瞧，也是俏丽得紧，在湖南等地又把它称为"黄花茵陈"，据说，阴行、茵陈，南方人发音没有区别。

阴行草

阴行草

过路黄 *Lysimachia christiniae* 报春花科珍珠菜属多年生草本

小满枇杷满坡黄时，苏州乡村的沟边、路旁、山坡林下阴湿处往往也铺满了一地的黄花，那就是过路黄，绿蔓拖地，匍匐远行，名副其实。过路黄畏寒，只是分布在黄河以南。

过路黄叶片很像大豆的小叶，两两对生，平铺着被叶柄高高托起，密布腺条，水分充足时是透明的，干时则成了条条黑线。开花时，一朵朵花冠五裂的小黄花从叶腋间冒出，后面带着尖长的绿色花萼，也是被细长的花梗高高擎着，同样密布着黑色的腺条。

我国古代称为“过路黄”的植物有三种，其中一种就是现在的过路黄，另两种虽然茎蔓“过路”，但花色不黄，只不过都生在阴湿处而已。一是《救荒本草》收录的野菜“羊角苗”，开的是聚伞花序，小花白色，似萝藦科的鹅绒藤或者萝藦；一是《植物名实图考》记载的一种唇形科风轮菜属的植物，“叶似薄荷，大如指顶，二叶对生，花生叶际，淡红，亦似薄荷而小，逐节开放”，这种“过路黄”开的是淡红色的轮伞花序。

过路黄

过路黄

过路黄是中药金钱草的正品药材，消炎解毒，还能治疗胆结石。被称为“金钱草”的药材也有多种，譬如唇形科的活血丹是最常见的替代品，两广和湘闽地方把豆科山蚂蝗属的广金钱草认作正品，江西叫的金钱草则是伞形科天胡荽属的天胡荽，同花卉市场卖的、来自南美的“铜钱草”倒是近亲。

夏天无 | 一年蓬

一个烂漫了一个春天，到得夏天忽而难觅踪影，旧根归藏地下；一个热闹了一季暑热，随着秋意蓦地蓬散繁华，老株遽登冥极，“夏天无”相对“一年蓬”当否？

夏天无 *Corydalis decumbens* 罂粟科紫堇属多年生草本

早春时节，夏天无休眠了一冬的块茎就迫不及待地抽生茎叶，钻出了地面，细长柔弱的草茎东倒西歪地掺合在一起，嫩绿的小叶三枚一生，像极了萌萌的猫爪，茸茸的一堆，明媚春光下，看着很舒服。三四月间，夏天无茎端开出一穗穗小花，粉白色、浅粉红、还有淡蓝色，一朵朵如同一只只扇动着翅膀，翘首待飞的小鸟立在枝头，望着，仿佛一片雀跃在耳边。随着气温逐渐升高，热闹了一个春天的夏天无复归休眠，到了夏天，它就销声匿迹了。

夏天无花穗上着生的小花不多，一般只有七八朵光景。每朵花有着 4 片花瓣，从上至下一顺溜排着，最上那片的顶端凹陷，两侧反卷，高高昂起，还带着一个“鸡冠”；第三片紧挨第二片，也都是往上翘着；下花瓣顶端也有个凹陷，宽大平展，中间略略拱起，后面拖着一个长长的距，活脱脱一个鸟形。

夏天无

夏天无

一年蓬

一年蓬 *Erigeron annuus*

菊科飞蓬属一（二）年生草本

一株一年蓬顶多长两年，粗壮的草茎高高独立，有时下五六岁孩子那么高，上部分枝，被着长长的毛，硬而开张；叶片大而长圆，顺着草茎，由下而上逐渐狭小，也是布有短硬毛，整个粗狂得很，入药倒是治疟的佳材，药效显著。

每到夏季，一年蓬下部的叶片枯萎，茎端开出许多“小花”，枝丫交错，零落纷繁，透着一股热闹劲。不管怎么看，一年蓬都是粗里粗气的，但那茎头的小花却是素雅娇俏，丝丝白瓣，上下错落，围着一丛黄心，瓣际也傅上了些许鹅绒，真是烈日下的一簇清凉。花后结成一蓬白绒，成熟后，随风四散，分赴各处，到来春继续着它的灿烂。

一年蓬

通泉草 | 还亮草

见着通泉草，即能遇泉于咫尺；服了还亮草，遂可返魂自缥缈，相对一处，自成一双。

通泉草 *Mazus miquelii*

玄参科通泉草属一年生草本

通泉草遍布全国，观名生义，它是长在有水地方的一种野草，在野外，遇见了通泉草，一般就能找到水源了。

在路边田头，人们看见了另一种玄参科植物母草，常会误认为通泉草，它俩长得有点像。通泉草叶片长圆，叶缘缺刻宽大，茎生叶片以互生为主。母草叶片基部是圆圆的三角形，叶缘缺刻比通泉草细密。母草和通泉草花的颜色虽然相仿，都是紫蓝色，但形态区别很大。母草的花有明显的花筒，花瓣四片，上唇直立，下唇三裂，圆圆的，中裂片尤其宽大，看上去有点像蝴蝶；通泉草的花筒和上唇瓣极其短小，几乎没有，下唇瓣却很宽大，中间两棱凸起，点缀着规则对称的土黄色斑点，只在瓣端浅浅三裂，整个看上去像一个瞪得大大的眼睛。

在不同生境下，一样的通泉草长得却不一样，形态变化很大，有直立、也有倒卧，叶片和花的大小也相去甚远，分枝披散，着地部分节上会长出不定根。

通泉草

还亮草

还亮草 *Delphinium anthriscifolium*
毛茛科翠雀属多年生草本

唐朝时候的端午节有一种习俗，嫁了人的女子，要用铜镜去敲一种草的果子，收集弹出的种子带在身上，想要靠它使得夫爱不弛。这种草的叶片细如芹菜，开紫色的花，结的果子有 3~4 个“角”，翻尖向外，很像现在说的还亮草。

还亮草是林间湖边常见的野花，方茎五棱，中凹成沟，株高一尺有余，每年 3 月开始，抽出一枝枝花梗，花梗上朵朵小花高高地翘着“尾巴”，宛如枝头蓄势待发的鸟雀，一直到暑意渐浓的 5 月，绵延不绝，似乎专为摩诘的“春去花还在，人来鸟不惊”作了一个绝佳的注脚。

还亮草的花朵，细巧得很。5 瓣花萼拖着细细长长的花距，居中翘起的花瓣连缀着退化成瓣状的雄蕊，尤其紫艳，加上黄蕊微露，指甲片儿大的一朵小花愣是整饬得那么玲珑可人，在这里，“造物微妙”恰切找到了契合的解释。

韩信草 | 诸葛菜

韩信、诸葛亮是人们心目中的将宗兵神，聪明人的代表，恰巧有两种平平的小草用了他们的大名，据说，这两种草韩信、诸葛亮分别用过。

韩信草 *Scutellaria indica* 唇形科黄芩属多年生草本

常见的韩信草载着一代将宗的英名走过了千百年——韩信用过“韩信草”恐怕只是一个传说，或许当时韩信命丧未央后，楚民、老部下们无从寄托哀思，聊以这脚边能疗伤的小草一抒胸臆。

细细看来，这草全株透着一股内敛的灵气，花朵儿蓝中透紫，叶片儿绿中微黄，不带一丁点儿腻子，似透未透，仿佛冥冥之中染着韩信用兵的一点诡谲。

韩信草花成片开放时，阵阵春风吹来，此起彼伏，一片蓝紫色的花海波浪涌动，沉浸在柔柔浪漫中的人们随口就给了她一个浪漫的名字——立浪草。

韩信草花朵美而浪漫，果子却色不撩人，朴实得很，只是形状有趣，像一个个挖耳勺，名随形生，韩信草就有了一个实实在在的土名——耳挖草。

韩信草

诸葛菜

诸葛菜 *Orychophragmus violaceus*
十字花科诸葛菜属一（二）年生草本

诸葛菜经冬不凋，农历二月，春寒料峭之际，蓝紫色花朵缀满茎头，因此人们唤作二月蓝。二月蓝可是时下绿化的宠儿，一片落叶树林子下面满满铺上二月蓝，冬天绿意盈盈，初春浪漫奔放，单调的片林顿时画意盎然。

如今的二月蓝以美丽博得人们的钟爱，而古时的诸葛菜却是救荒的宝贝——一种可口的野菜，茎叶可食，种子榨油，青黄不接时多活人命而受人重视。诸葛亮六出祁山，扼于给养，据传多赖此草补给军需，因此这个草就叫了“诸葛菜”。

另外，十字花科芸薹属的芜菁，也叫诸葛菜，同样说是因诸葛亮解决军需而得名。

何首乌 | 白首乌

古人因着食用何首乌有助于繁衍子嗣，就说何首乌也有雌雄两种，雄的块根赤，雌的块根白，生长处相隔不到三尺，要吃了有效，必须挖了雌雄根相合同食。其实，那种雌的“何首乌”是萝藦科牛皮消的块根“白首乌”，也未必和何首乌长在一起。

何首乌 *Fallopia multiflora* 蓼科何首乌属多年生草本

何首乌的颜值不如其他蓼科植物，长着山芋叶般的叶片，花绿果白，紫藤攀蔓，贯篱萦砌，在山间田头、家前屋后常常能见，普通得极。但不过，在世人心目中，它却一直是一味“仙药”，乌发驻颜、延年不老，人们极是钟情，而且还说什么它的块根如同人形，是集了日月精华的，因此怀着敬畏尊其为了“地精”。

其实，在唐朝以前，何首乌叫“交藤”或“夜合”，因为古人认为它在夜间生出藤蔓，互相交合缠绕，只是一味普通的药材。到了唐朝元和年间，顺州南河县（今

何首乌

何首乌

河北晋州市）有一个名叫何首乌的人，据说已经一百三十多岁了，依旧手脚轻健，其中秘诀就是靠常服“何首乌”，而且这是他家的祖传。何首乌的祖父正是因偶服“何首乌”，才得在半百之期治愈了羸弱无欲的老毛病，生了许多儿子，一高兴索性把自己“田儿”的名字都改成了“能嗣”，几十年的胸中块垒一吐为快。自己吃得蛮好，当然也要给儿孙们吃，就这样，何能嗣父子们都活了一百六十多岁才谢世，就连周边的乡邻们也跟着沾光，一起成了长寿星官。如此传奇，后来慢慢地传播开来，当时的文学家李翱听说后，就写下了《何首乌传》一文，从此，这种藤蔓植物就被称为了“何首乌”，而且一下跻身于“仙药”之列，成了一味普受欢迎的滋补品。

白首乌

白首乌 *Cynanchum auriculatum*

萝藦科鹅绒藤属蔓性半灌木

牛皮消广布于全国各地，又叫耳叶牛皮消，它的叶宽大而薄，拖蔓而生，攀树附枝，逾垣穿篱，很像何首乌的模样。凑巧它也有和何首乌差不多的块状根，只是肉白，不是何首乌那样赤色的，古代常把牛皮消认作“雌何首乌”，如今入药，有些地方也叫“何首乌”或“白首乌”，养阴清热，润肺止咳。据《救荒本草》载，它的根、叶经过处理都可作为野菜食用，也是旧时荒年的全命之物。

牛皮消夏秋间开花，白花繁密，一个花序上有垂挂着小花 30 余朵，每朵小花花萼反折，花瓣微翘，抖抖巍巍，如同许多绣球悬在那里。花后结成果实，好像长长的豆角，两两双生，一直到初冬时节，才开裂脱落。

白首乌

孩儿参 | 蒲公英

孩儿参，黄口呱呱；蒲公英，白发苍苍，一少、一老，相谐成趣。

孩儿参 *Pseudostellaria heterophylla* 石竹科孩儿参属多年生草本

孩儿参，看了这个名字就知道人们把它当作了小的人参，也叫“太子参”。它生长在山谷林下阴湿处，有着长纺锤形的块根，白中带黄，入药味道与功效都与人参差不多，也是一味滋补强壮的佳物。

孩儿参个头也不大，单茎独立，高不盈尺，茎上只有狭长而尖的叶片二对，上至茎端，那狭长的叶片就变作了宽长而圆的模样，两两对生，十字序列，倒也疏洁、清秀。从春到夏，孩儿参茎端不断开花，两三朵五瓣小花从叶际伸出，蓝紫色的花蕊恰巧衬在洁白的花瓣上，有致地一一对应，素净中透着美艳。除了开放的花，孩儿参还有一种不开的闭锁花，也能结果。

孩儿参

蒲公英

蒲公英 *Taraxacum mongolicum*

菊科蒲公英属多年生草本

蒲公英较之一众菊科的野草，长得文静而端庄，叶片丛生低垂，花茎长短适中，柔中带刚，一球黄花圆整明亮，化作一球果实后，更是玲珑细巧，真有天工之夺。一阵风起，那顶着一丛白色冠毛的果实，纷纷扬扬，四下飘散，在小朋友心目中，始终是英勇的“小伞兵”。那飘散的果实，随处可安，落地即生，田头沟边、墙角旮旯、砖石缝中四时都有，从春至秋，花、果不断，生生不息，彰显着生命的灿烂，坚韧顽强、甘守寂寞，人们对它赞咏纷纷。

落到了生活中，蒲公英是佳蔬，也是良药，因为处处都有，随手而得，实是普惠的宝物。“白鼓钉、白鼓钉，丰年赛社鼓不停，凶年罢社鼓绝声，社公恼，白鼓钉化作草”，在野菜谱中它的名字叫“白鼓钉”，需在冷天苗尚幼小时采食，又叫“孛孛丁菜”，形象得很。入药，清热解毒、消肿散结，治疗妇人乳痈和各种疮疖都有良效，唐时名医孙思邈在《千金方》中还以身说法，举了个涂抹蒲公英根、茎里的白汁，治好自己背疮的实例。

天名精 | 威灵仙

天名精、威灵仙，药中霸王，生猛得极，曾经都位列“仙药”班中，故而名字也都带着那么点仙气和威风。

天名精 *Carpesium abrotanoides* 菊科天名精属多年生草本

天名精生得粗壮，到处都有，就是这么一种普通的草，到了本草中，大伙儿却众说纷纭，莫衷一是，大费了一番周折。《名医别录》以为就是豨莶，《梦溪笔谈》则说鹤虱、地菘两种药都是天名精；还有人说地菘是豨莶，鹤虱则别出一种。

后来，李时珍经考证后，认为沈括是对的，地菘是天名精的叶，鹤虱是天名精的子，而天名精则是根苗入药的总称。天名精的叶片像菘蓝，草茎上下略有区别；它的头状花序沿着茎、枝生于叶腋，直至茎端，如同舞台上的马鞭。绿色的花序总苞像佛门化缘的钵，底宽，口稍稍收紧，土黄色的筒状小花微露口外，很不显眼。果实成熟时，总苞展开，露出无数细长的籽实，气味极臭，而且还会刺在过路人的衣服上，旧时种菜的人很是讨厌它，入药就叫鹤虱，是杀灭肠道寄生虫的要药。

天名精全草入药止血、疗金疮，南梁时的刘敬叔在《异苑》里说了一个故事，有一个叫刘憕的人猎到了一头鹿，剖取五脏后，往鹿腹里塞满了天名精草，那死去的鹿居然活了过来。取出草后，那鹿又没了气息，如此反复四五遍，遍遍奏效。因此，天名精得了活鹿草和刘憕草两个别名。

天名精

威灵仙

威灵仙 *Clematis chinensis* 毛茛科铁线莲属木质藤本

秋季，行走在江南的山中，时不时会看见一种藤蔓，挂满了带着一个长长尾巴的果实，那尾巴毛茸茸、翻腾折曲，数个一簇，着生在叶际，它就是威灵仙，那尾巴是留在果实上的宿存花柱。威灵仙的果实奇特，它的花却清秀，开放在夏季，一束束十字形的白花，“花瓣”狭长，花蕊披散，铺缀在密密的羽叶上，葳蕤中似乎还带着几分仙气，也是溽热中的一份凉意。我们看见的那白色“花瓣”实际是花萼，威灵仙的花冠已经退化了。

“其力劲，故谥曰威；其效捷，故谥曰灵”，草根入药，“威灵合德，仙之上药”，威灵仙之名源自于这种草的药效。在古代，常把有“草本威灵仙”之称的腹水草等数种草药都称为威灵仙，用起来也不加分别，但唯有“铁脚威灵仙”才被视为正药，纳入了本草。铁脚威灵仙就是这里说的威灵仙，因为它的草茎嫩时略带黄黑，干了后则变成了深黑色，所以有“铁脚”之名。

天葵 | 田麻

从名字上看，“天”对“田”，“葵”对“麻”，一拍抿缝。只是天葵非“葵”，田麻却是“麻”。

天葵 *Semiaquilegia adoxoides*

毛茛科天葵属多年生草本

天葵喜生于半阴半阳处的石间砖缝，初春抽茎开花，到了割麦的时候就难觅踪影了，待等秋意渐浓，它又萌发了新叶，经冬不萎，人们俗称其为“麦无踪”或者“夏无踪”。

天葵秋天发的新叶如旧时的铜钱般大，一枝分三叶，一叶三裂，面绿背紫，因此天葵又叫“紫背天葵”。那一丛绿叶熬过了一冬，在春天生出四五枝草茎，高不盈尺，节节分歧，茎上着生的叶片和隔年秋天的叶片一模一样，翩翩下垂，只是形态略小。草茎抽出不多时，茎梢间就开出了一朵小白花，五瓣、黄蕊，清新细致，在春花烂漫中特立独行。

天葵生有块根，只是既短又细，晒干炮制后更是微细，入药被叫作“天葵子”，有小毒，是治疗痈疮疖肿常用的中药材，尤其对乳腺炎有极效。天葵还有一个土名，叫“千年老鼠屎”，可能是因了这个入药的细小块根而来吧，只是天葵的种子也是很小，真像老鼠屎似的。实际上，《植物名实图考》中记载的“千年老鼠屎”是天奎草的别名，从书中配图看，天奎草似乎是紫堇属的一种植物。

天葵

田麻

田麻 *Corchoropsis crenata*

椴树科田麻属一年生草本

田麻真是漂亮，山坡上、田垄间，一丛高茎，枝枝精神；满枝黄花，朵朵明媚，摇曳在热烈的初秋阳光下，更是灿烂。细看那花朵，5 枚黄色花瓣展张，瓣端稍稍拢起，结成的中心簇着一丛黄蕊，着生在细长的叶柄上，从叶腋探出，微微垂着，黄得那么纯粹，明晃晃的浑然一体。

田麻草茎皮层纤维发达，可以代替黄麻制作麻绳、麻袋，它的名字就是这么来的。田麻的果子像个豆角，毛茸茸的，为了有别于另一种果子没有毛的光果田麻，人们也把田麻叫作毛果田麻。田麻还是一味中药材，清热利湿，解毒止血，对于咽喉疾病有特效，因此田麻还有“白喉草”“黄花喉草”等别名。

母草 | 益母草

只因母草并无“公草”可配，所以就把益母草拉来跟它配了一对，好歹都带了个“母”字。

母草 *Lindernia crustacea* 玄参科母草属一年生草本

清代吴其濬《植物名实图考》记载，一种公草，一种母草，两种草必须一起用，才能治好跌打损伤。公草是什么草，目前还对不上号；至于母草，差不离就是现在说的“母草”。

母草到处能见，四季开花。开花时，一小片一小片的紫蓝色小花俏丽得很，只是要蹲下身才能细细品来。从花的背面看，犹如一个个小拳头；正面看，则像一张张扁扁的鸭嘴，雨后，口含莹珠一滴，更是水灵。

母草

益母草

白花益母草

益母草 *Leonurus japonicus*

唇形科益母草属一（二）年生草本

苏州人把益母草叫作苦草，以前城里人家媳妇有了身孕，托人到乡下去置办两三捆苦草备着，那是头等大事。一旦分娩，产妇就要皱着眉头天天喝一碗用苦草煎的苦汤，说是能把产后秽物排出体外，保证不留病根，家家如此。

正因有益于妇女，这种草早就被人称作"益母"了。三国时的苏州人陆玑在《毛诗草木鸟兽虫鱼疏》就有记载，说"思母吐鱼"的大孝子曾参看见了益母草，因草起意，感怀起母亲的养育之恩，如此说来，"益母"之名也有2000多年历史了。

在印象中，益母草的花是淡紫色的，和其他唇形科的植物差不多，都是在叶腋围着茎秆一轮一轮地开放着。益母草尚有一种白花品种，叫白花益母草，除了花是白色以外，其他性状都和紫花的一样，药用功效也一样。

狼把草 | 女娄菜

狼把草入药主疗血痢，据说仅对男性有效，以前叫作“郎爷草”；女娄菜恰好是通乳调经的烈药，宜于妇女。

狼把草 *Bidens tripartita* 菊科鬼针草属一年生草本

狼把草常见于路边和水边，三四尺高，叶片有锯齿，从下而上，由小而大，中上部叶片羽裂，一旦开花，狼把草下部的叶片就枯萎了。狼把草的头状花序周边有许多苞片，分为两层，长短参差；花全是筒状花，土黄色，花后结成的瘦果黑色，边缘有倒刺毛，顶端有 2 枚芒刺，很容易被走过的人带在衣服上，鬼针属的都这样。狼把草的瘦果能制作黑色染料，吃了还能乌发，令人不老。

李时珍说“狼把”乃“郎罢”之讹，“闽人呼爷为郎罢，则野狼把当作郎罢乃通”，故而仅有用于男子的“郎爷草”被叫成了“狼把草”。清朝的吴其濬在《植物名实图考》中提出了异议，说明明《尔雅疏》里讲得很清楚，狼把就是乌把的俗称，因为它的黑色果实狭长，簇生在一起，在古人看来像扎起来的捆子——“把”，并且直斥李时珍“改把为罢，出于臆断，亦近轻侮”。

狼把草

女娄菜

女娄菜 *Silene aprica*

石竹科蝇子草属一（二）年生草本

女娄菜在我国大部分地方都能见到，春天萌发，叶片像一把把狭长的汤匙，渐渐抽出高茎，茎上的叶片则像雀舌，窄窄长长，两两对生。随着天气热起来，女娄菜开花了，一枝枝花茎相对而生，组成一个大型的圆锥花序，缀满了微傅粉色的白花，花瓣片铺展在磬口的花萼边沿，花谢后，花萼逐渐伸长，包裹着果实。

女娄菜的叶片味苦，处理去掉苦味后在荒年能作为野菜食用。全株入药，活血调经，健脾行水、通乳消肿，也曾被称为“王不留行”，性烈效著。旧时把这类“性走而不住，虽有王命不能留其行”的草药都叫作“王不留行”。

蛇床丨爵床

据说，蛇床的籽实是蛇的口粮，爵床则是麻雀喜欢待着觅食的草堆，无论字面还是寓意，蛇床、爵床都是般配的一对。

蛇床 *Cnidium monnieri* 伞形科蛇床属一年生草本

蛇床

蛇床叶片的羽裂，如刻如镂，可谓极致，极尽细巧之妙；花开时节，同样精细的小白花密布叶间，每枝上有百朵朝外，结同一窠，如同伞盖，花叶相映相宜，街边旮旮里、花坛草丛中，偶然的一棵两棵，常常引得路人驻足，一草也成一景。

蛇床结的籽实由两片合成，极其细小，称为蛇米、蛇粟，据说蛇十分喜欢吃。南朝的大文人谢灵运在《山居赋》中还把它纳入“五华九实”，说吃了滋阴壮阳、健筋轻身，蛇床是救荒的野菜，也是道家眼中的仙药。

在江南，还有一种伞形科的野草常见，那就是野胡萝卜（*Daucus carota*），模样和蛇床很像，只是比蛇床植株高，叶片稠密，花序也大。细看，蛇床花序的总苞全缘，紧贴着；野胡萝卜的羽状分裂，张扬地散开。

爵床

爵床 *Justicia procumbens*

爵床科爵床属一年生草本

爵床是一种习见野草，穗状花序上缀着的唇形小花，带着若有似无的淡粉色，零碎地分布在草丛、墙角、林边、田头、水边……一堆一堆的。

这个不起眼的小草，却有着一个扰人的名字，为什么叫“爵床”，一直不甚了了。李时珍在《本草纲目》中说“爵床不可解”，认为叫“爵麻”倒很通。夏纬瑛在《植物名释札记》中解释道，“爵”在古语中就是“雀”，是小的意思。这种株型小，可以“主治背痛，不得着床”的草就叫爵床。还有一种说法说是麻雀喜欢在这个小草堆上歇息觅食，故而有了爵床这个名字。仔细思量，总觉得都不得要领。

石打穿 | 石见穿

草药中名叫石打穿、石见穿的很多，金毛耳草和华鼠尾草分别是其中之一，都用于治疗黄疸肝炎，“穿肠穿胃能攻坚”，药效甚著，坚如磐石的痼疾遇之也披靡。

石打穿 *Hedyotis chrysotricha* 茜草科耳草属多年生草本

金毛耳草在长江以南的山林中很常见，全株密被黄毛，枝条披散零乱，两叶附茎，对生上翘，恰如一对对小动物毛茸茸的耳朵竖在那里，名副其实。长得茂盛，也是绿油油的一片，地上如同铺了层茵毡。

金毛耳草几乎四季开花，两三朵小花贴着叶际生出，反翘着竖起，有着显眼的花萼，从旁侧看去，那花如同一个小漏斗。淡淡紫蓝色的花冠十字形四裂，裂片先端略略反卷，同样被着黄毛，虽然稀稀落落的，但总也是为林下添了一份美丽。

金毛耳草

华鼠尾草

石见穿 *Salvia chinensis* 唇形科鼠尾草属一年生草本

提起鼠尾草属植物，大家最熟悉不过的是一串红（*Salvia splendens*），一串串花，大红大红的，采一朵，小嘴一吸，蜜汁溢满了舌尖，那是不少人儿时的美好记忆。近来，那些叶片有香味的鼠尾草更是普受欢迎，许多地方都种植了成片的花田，引得游人争相往观，赏花闻香。

这些栽培赏用和香用的鼠尾草很可观，同样，一些野生的鼠尾草也可观，长江以南常见的华鼠尾草就是其中之一，高茎直立，葳蕤浓绿，花开时节，茎端枝枝丫丫生出了一丛花穗，花穗上缀满了一朵朵小花，一序列一序列整齐地排着，筒形二唇裂的紫色花萼装着同样筒形二唇裂的蓝色花冠，后窄前宽，张扬饱满地伸着，浑然一体，精神得紧，与那些观赏用的鼠尾草一样神采奕奕。

华鼠尾草生长于林荫之下，折断茎、叶都有黑色汁液流出，曾经是古代的黑色染料，后来，入了草药，主要用来治疗黄疸肝炎和缓解骨痛。它与另一种广布于长江以南的同属植物——鼠尾草（*Salvia japonica*）的区别在于靠地面的叶，前者是单叶或三小叶复叶，后者是二回羽状复叶，鼠尾草的花色比较丰富，有红、白、紫、蓝等色。

漆姑草 | 活血丹

漆姑草治漆伤，活血丹息血症，以义相对，尚属称宜。

漆姑草 *Sagina japonica* 石竹科漆姑草属一年生草本

野外和农村家前屋后的石间、砖缝里、城市湿润的草坪上常能见到漆姑草，密密矮矮的一丛丛，茎叶纤细，摸着茸茸的。早春到初夏，漆姑草几乎每个小茎顶端都会开出一朵小白花，茸绿之上如傅粉相仿，极其细巧，古人形容它“如鼠迹大”，真是形象得很。

漆姑草气辛烈，全草都能入药，退热解毒，鲜叶揉汁后主治漆疮，疗治被生漆汁液灼伤有特效，“漆姑”这个名字也是因此而来。

本草中另有一种“漆姑”，入药正名叫“蜀羊泉”，就是茄科茄属的青杞（*Solanum septemlobum*），株型高大。茎叶揉碎后有黏液如漆，又如羊涎，古人认为四川出产的药效好，故而有了蜀羊泉及漆姑之名。

漆姑草

活血丹

活血丹 *Glechoma longituba*
唇形科活血丹属多年生草本

活血丹，顾名思义，全草或茎叶入药是治吐血、下血的良药，人们称为“连钱草”。活血丹喜欢长在山间林下、园圃墙阴、水边草丛等阴湿处，方茎拖地，逐节生根，对节生叶，叶片卵圆，粗齿深纹，着生在长长的叶柄上，春天长得旺盛时，一片柔绿，萌萌的，看着很舒服。

四五月间，活血丹草茎上端叶际开出花来，一节两朵，淡淡的紫色，花是唇形，唇口宽大，上有两角，旁有两翼，舔出的下唇也是宽宽的，洒落着点点紫斑，古人形象地称之为“如蛾下垂”，像个蛾子立在枝头之上，张开着双翅。6 月果后，随着气温升高，活血丹逐渐枯萎，一时难觅踪影了。

时下，在绿化中，有一种绿白相间的花叶活血丹用得较多，四季常绿，作为地被，效果很好。这种活血丹是欧活血丹（*Glechoma hederacea*）的一个园艺品种，叶片比活血丹要圆，叶缘的白斑经霜后变微红，也适合栽作垂挂植物装饰于室内。

杠板归 | 掐不齐

杠板归、掐不齐无论字、义，都掺和不到一块儿，只是念着就觉得那么般配，于是就将就着凑作了一对。

杠板归 *Polygonum perfoliatum* 蓼科蓼属一年生草本

杠板归随处都有，浑身是钩刺，蔓生缠绕，连鸟都待不住，人们也叫它“鸟不踏草”。它的叶片三角形，模样很像翻地的犁头，因此也名“刺犁草”。茎上每逢分枝处，必有一圆形托叶，草茎贯叶而出，故而“贯叶蓼”又成了它的名字。

就着杠板归的药效，人们各取一宗，还另生出了一串别名。譬如“蛇不过”，它能疗蛇虫咬伤；船家多用杠板归来泡水洗浴，行血气，去湿热，以防暑月生疮疖，就称呼它为“退血草”；煎汤内服，治疗水肿尿少效果蛮好，这类肾病以前称为“河白病”，因此又得了“河白草”的名字，诸如此类还有不少。

6~8 月是杠板归的花期，节节生花，一穗穗淡粉红色的，并不显眼。花后，结成果实，有棱，不甚圆整。待等 10 月，一穗果串，靛、紫、粉、绿杂陈，缀在托叶上，斑驳光影下，亮亮的，真如碧玉盘中盛着五彩玛瑙，也是美得让人一见钟情，难怪人们要喟叹——蓼科植物都是美人胚。

杠板归

掐不齐*Kummerowia striata*

豆科鸡眼草属一年生草本

掐不齐是豆科鸡眼草的别名，三叶一簇，成一“丄”字，叶如鸡眼般大小，故而得名。称它为掐不齐，是因为它的叶片都是斜纹，人们用指甲去掐，断后总是有一个豁口，不像其他叶片那么平平齐齐的，乡间村民就是这么率性，随口呼来的“掐不齐”多生动。

鸡眼草枝条繁密，披散一地，从夏至秋，那一大堆绿油油中不断开出一丁点的紫色小花，那花三瓣竖立，两瓣卧卷，白、紫相谐，虽然和翩翩蝴蝶相去甚远，但也不失美丽。

鸡眼草花后结成小豆荚，豆子小如粟米，黑茶褐色，具有和槐树子相似的功用，利尿通淋、解热止痢。旧时遇到荒年，采摘了，经过淘净浸泡，可以用来煮粥、做饭，或者磨面做饼以救饥，也是家畜喜食的饲料。

掐不齐（邵爱华 摄影）

参考文献

[1][清]吴其濬.植物名实图考长编[M].北京：中华书局，1963.

[2][清]吴其濬.植物名实图考[M].北京：商务印书馆，1957.

[3][明]李时珍著.王育杰整理.本草纲目：金陵版排印本[M].北京：人民卫生出版社，2004.

[4][明]朱橚著.王锦绣，汤彦承译注.救荒本草译注[M].上海：上海古籍出版社，2015.

[5][明]王磐.野菜谱[M].线装书社.

[6][明]鲍山.野菜博录[M].北京：中国书店，1996.

[7]夏纬瑛.植物名释札记[M].北京：农业出版社，1990.

[8]张平真.中国蔬菜名称考释[M].北京：北京燕山出版社，2006.

[9][后魏]贾思勰著.缪启愉校释.缪桂龙参校.齐民要术校释[M].北京：农业出版社，1982.

[10]中国科学院中国植物志编辑委员会.中国植物志[M/OL].北京：科学出版社，2004.[2017-11-12].http://frps.eflora.cn.

[11]中国植物志（英文版）[出版者不详][2017-11-12].http://www.efloras.org/.

后 记

《脚边的美丽——树》一书的形成，虽说照片是一个触发点，但还是主动的成分为先。那么这本“花”，则完全是因着这些图片才配了那么多文字，它们是张亿锋、王金虎两位老师多年的积累，一是“美”的角度，一是“专”的眼光，美的镜头里也有专的味道，专的图像内也有美的意境，书中每一篇选的图片都考虑了这点，从中也可以看出两位老师拍摄野花的历程，体现了他们体悟野花的不断深入。

这本书里的文章，起先用于订阅号“吉喜圃”，网络上以读图为先，所以早些每篇文字是偏少的。后来，要结集出版，那么字数就相应多了一点。这些文章是着眼于“美丽”来写的，主要包括了野花的形美、名美、质美三个方面。

写形时，并不面面俱到，只是突出于这种草的美处，把那些吸引人的特色写了出来。用词力避照抄《中国植物志》，而是参照古人的写法，用一些描摹的词语把那些植物学名词讲出来，虽则再三斟酌，或难免有所不妥，只是这样一来，读来更觉有趣一点。

野花的名字除了正名外，各地一般都有自己的叫法，这些名字好多都很有意思，区区两三个字，里面包含的东西却很多，有肖形、有风俗、有用途……也是一种“美丽”所在。因此，解读它们的名字，从古至今一直是乐此不疲的事。这本书里也对一些有趣的、有来处的草名进行了“释名”，大多是比较了旧说而写的，也有一些是自己的想法。

是草就是药，脚边能看到的草基本都能入药，只是有本草、草药之分，而且不少都是野菜，部分还家化成了蔬菜，专门生产；还

田麻

有一些是工业、生活用品的原料，或者是小孩们土制玩具的素材，此处的野花甚“利”。在精神方面，人们于野草也是倚重的，从古至今绵绵不绝，古代祭祀用品、诗歌辞赋里的比兴、种种好恶的寓寄，甚或赋予了人格意指以抒胸臆，此处的野花很“大”。前言中已经说过，野花于生态稳定有着不可或缺的作用，它们的种类、数量减少同样会引起一些连锁反应，虽则一时难以体现，此处的野花实在是要紧得极。总之，区区野花，其用甚溥，这是从内在焕发出的光彩，较之名、形、色，更美。

这本书里的草名，为了配对和谐，有些用了俗名、别名，但在文中都有中文正名标出，也都写了拉丁学名，中文正名依据《中国植物志》的网络版本，拉丁学名依据《中国植物志（英文版）》的网络版本。别名、俗名也是以《中国植物志》网络版列出的为准，参校《本草纲目》《植物名实图考》而来，有些则是得自苏州乡间俗语，譬如把鼠麴草、马齿苋分别叫做“棉茎头”和“浆瓣头”。

《脚边的美丽——树》和《脚边的美丽——花》得以结集出版，是众人拾柴的结果，而张华老师的玉成是关键。至于我能写一点文章，是离不开一众师友的耳提面命，尤其陈桂娟女士对我的助益，切不可忘，在此，致以衷心的感谢！

陶隽超

2018 年 1 月